U0831069

SHUIDIAN JIZU YUNXING WEIHU XITI JINGXUAN

水电机组运行维护习题精选

华电电力科学研究院有限公司 编

中国电力出版社
CHINA ELECTRIC POWER PRESS

内 容 提 要

本习题精选从水电机组运行维护检修的角度出发，对相关理论知识及现场实际操作进行总结归纳，并以习题方式呈现。习题涉及水电基本理论知识、水电机组结构、水电机组运行原理及保护控制、诊断平台相关理论知识等，侧重于水电机组现场日常运行、巡检定检、检修维护及故障分析处理等相关内容。

本习题精选共分为四章，分别为水轮发电机组本体、调速器、热工仪表与热工控制、诊断平台。每章按照题型结构，分为判断题、单选题、多选题、填空题及问答题。试题范围较广泛，基本涵盖水电机组各系统日常检修维护的全部内容。

本习题精选可作为水电企业生产运行检修和管理人员培训学习，以及单位人员考核选拔使用。

图书在版编目（CIP）数据

水电机组运行维护习题精选 / 华电电力科学研究院有限公司编. —北京：中国电力出版社，2021.11

ISBN 978-7-5198-5826-1

Ⅰ. ①水… Ⅱ. ①华… Ⅲ. ①水轮发电机–发电机组–运行–习题集②水轮发电机–发电机组–维修–习题集 Ⅳ. ①TM312-44

中国版本图书馆 CIP 数据核字（2021）第 143975 号

出版发行：中国电力出版社
地　　址：北京市东城区北京站西街 19 号（邮政编码 100005）
网　　址：http://www.cepp.sgcc.com.cn
责任编辑：刘汝青（22206041@qq.com）
责任校对：黄　蓓　常燕昆
装帧设计：赵姗姗
责任印制：吴　迪

印　　刷：三河市万龙印装有限公司
版　　次：2021 年 11 月第一版
印　　次：2021 年 11 月北京第一次印刷
开　　本：880 毫米×1230 毫米　32 开本
印　　张：4.875
字　　数：106 千字
印　　数：0001—1500 册
定　　价：28.00 元

《水电机组运行维护习题精选》

编 委 会

主　　编　王　磊

副 主 编　李林伟　张　恒

编写人员　孟　鹏　王鸿腾　许永强

　　　　　孙　波　郑世立　刘　阳

　　　　　韦正鹏　王渊博　曹　威

　　　　　兰　维　吴　耀　郭晨旭

前 言

近年来，随着我国电力工业的快速发展，水电厂灵活的调节性能在整个电力系统中起到了不可替代的作用。随着新技术的发展、更新与应用，以及涉及水电厂机组设备等国家、行业标准的制定和修订，对水电厂生产管理、运行、维护、检修等人员的素质提出了更高的要求。

为加强水电厂生产人员的技术培训工作，有效提升生产人员整体素质，培养能够满足水电厂“远程集控、少人值守”管理模式下日常运行、维护、检修工作需求的人才队伍，提升水电厂自主运维能力，确保水电厂安全、可靠、高效运行，特编写本习题精选。

本习题精选依据国家、行业相关标准规范要求，并结合水电厂实际情况，分为水轮发电机组本体、调速器、热工仪表与热工控制、诊断平台四章。在内容编排上，力求循序渐进、由浅入深，便于水电厂生产人员理解和掌握。

本习题精选内容丰富，有判断题、单选题、多选题、填空题及问答题，形式灵活多样，适用于水电企业生产运行检修和管理人员培训学习，以及单位人员考核选拔使用。

限于编者水平，书中难免有疏漏之处，恳请读者批评指正。

编　者

2021年7月

目录

第一章

水轮发电机组本体

一、判断题

1. 水轮机的最大水头是水电站最大水头减去1台机空载运行时引水系统所有水头损失后的水轮机水头。（√）

2. 水轮机的工作水头是上下游水位差值。（×）

3. 机组低负荷运行时转轮动应力比额定工况低。（×）

4. 引水管路，包括拦污栅、管道和阀门，以及管道材料和内表面粗糙度，上述因素都会带来水头损失。（√）

5. 水轮发电机组摆度监测常用的传感器是速度传感器。（×）

6. 混流式水轮机转轮止漏环间隙不均匀可能会引起水轮机水力振动。（√）

7. 任何一种液体在温度一定时，当压力降低到某一临界值之下时，液体就会汽化成气泡，然后气泡被流体带到压力高于临界值的区域，气泡将消灭，这个过程称为空化。（√）

8. 空化最显著的破坏作用，是空泡溃灭时产生的压力冲击对固体边壁的剥蚀作用，即通常所说的空蚀。（√）

9. 水轮机的装置空化系数越大，水轮机越不容易发生气蚀。（×）

10. 水轮机静平衡试验的目的是将转轮的不平衡重量彻底消除。（×）

11. 混流式水轮机转轮通常在叶片与上冠和下环的联结处易产生裂纹，而轴流转桨式转轮则易在叶片与枢轴法兰的过渡段产生裂纹。（√）

12. 高比转速水轮机导水机构中的相对水力损失比低比转速水轮机导水机构中的相对水力损失大。（×）

13. 依据 GB/T 15468《水轮机基本技术条件》的规定，混流式水轮机在相应水头下，机组保证功率范围能满足 40%～100%负荷稳定运行。（×）

14. 水流在转轮内的水力损失主要是容积损失。（×）

15. 依据 NB/T 10135《大中型水轮机基本技术规范》的规定，水轮机在合同规定的运行范围内运行，其顶盖、尾水管进人门、冲击式水轮机机壳 1m 处所测得的噪声不应大于 90dB。（√）

16. 水轮机的比转速相等时，工况一定相似。（×）

17. 依据 NB/T 10135《大中型水轮机基本技术规范》的规定，水轮机比转速和比速系数应根据额定水头、空化特性、水质条件和设计制造水平等条件合理选择。（√）

18. 依据 NB/T 10135《大中型水轮机基本技术规范》的规定，水轮机吸出高度的选择应满足在规定的运行范围内稳定运行和经济合理。（√）

19. 依据 NB/T 10135《大中型水轮机基本技术规范》的规定，水轮机进水阀顶部可不必设置补气装置。（×）

20. 依据 NB/T 10135《大中型水轮机基本技术规范》的规定，设反击式水轮机金属蜗壳时不应考虑周围混凝土的联合受力。（√）

21. 依据 NB/T 10135《大中型水轮机基本技术规范》的规定，水轮机结构设计的应力不可采用经典公司计算。（×）

22. 依据 NB/T 10135《大中型水轮机基本技术规范》的规定，水轮机结构设计的应力可采用有限元分析法计算。（√）

23. 依据 NB/T 10135《大中型水轮机基本技术规范》的规定，水轮最高飞逸转速运行时，除主轴、转轮外，所有转动部件的最大工作应力不应超过材料屈服强度的 2/3。（√）

24. 依据 NB/T 10135《大中型水轮机基本技术规范》的规定，轴流式水轮机可不设置可靠的防抬机和止推装置。（×）

25. 依据 NB/T 10135《大中型水轮机基本技术规范》的规定，在最大飞逸转速工况下，水轮机所有旋转部分应能在允许飞逸转速持续时间内安全运行而不产生有害变形。（√）

26. 依据 NB/T 10135《大中型水轮机基本技术规范》的规定，水轮发电机组轴系的临界转速应由水轮机和水轮发电机供方分别计算确定，轴系的第一阶临界转速不应小于最大飞逸转速的 120%。（√）

27. 依据 NB/T 10135《大中型水轮机基本技术规范》的定义，正常运行条件下，混流式水轮机的电站空化系数不应小于初生空化系数的 1.1 倍，不应小于临界空化系数的 1.6 倍。（√）

28. 依据 NB/T 10135《大中型水轮机基本技术规范》的定义，轴流式水轮机的电站空化系数不应小于临界空化系数的 1.3 倍；贯流式水轮机的电站空化系数不应小于临界空化系数

的 1.2 倍。（√）

29. 依据 DL/T 563《水轮机电液调节系统及装置技术规程》的定义，机组未并网，以额定转速运行，但励磁系统未投入，称为空转运行。（√）

30. 依据 DL/T 563《水轮机电液调节系统及装置技术规程》的定义，机组未并网，以额定转速运行，且励磁系统投入，称为空载运行。（√）

31. 依据 DL/T 751《水轮发电机运行规程》的规定，常规水轮发电机转子绕组和励磁一次回路绝缘电阻在室温 10～40℃用 500V 绝缘电阻表测量时，绝缘电阻值应不小于 0.5MΩ。（√）

32. 依据 DL/T 751《水轮发电机运行规程》的规定，常规水轮发电机正常运行时，其轴承最高温度应采用埋置检温计方法测量，推力轴承巴氏合金瓦不宜超过 80℃。（√）

33. 依据 DL/T 751《水轮发电机运行规程》的规定，常规水轮发电机正常运行时，其轴承最高温度应采用埋置检温计方法测量，导轴承巴氏合金瓦不宜超过 80℃。（×）

34. 依据 DL/T 751《水轮发电机运行规程》的规定，常规水轮发电机正常运行时，其轴承最高温度应采用埋置检温计方法测量，推力轴承塑料瓦体不宜超过 60℃。（×）

35. 依据 DL/T 751《水轮发电机运行规程》的规定，常规水轮发电机正常运行时，其轴承最高温度应采用埋置检温计方法测量，导轴承塑料瓦体不宜超过 55℃。（√）

36. 依据 DL/T 751《水轮发电机运行规程》的规定，常规水轮发电机正常运行时，其轴承最高温度应采用埋置检温计方法测量，座式滑动轴承巴氏合金瓦不宜超过 75℃。（×）

37. 依据 DL/T 751《水轮发电机运行规程》的规定，外循环润滑冷却的发电机轴承、循环油泵及其电源可以不设置备用。（×）

38. 依据 DL/T 751《水轮发电机运行规程》的规定，制造厂家无规定的，采用巴氏合金瓦的推力轴承和导轴承自循环冷却油槽油温不应低于 10℃。（√）

39. 依据 DL/T 751《水轮发电机运行规程》的规定，制造厂家无规定的，采用弹性金属塑胶瓦的推力轴承和导轴承自循环冷却油槽油温不应低于 5℃。（√）

40. 依据 DL/T 751《水轮发电机运行规程》的规定，采用巴氏合金瓦的推力轴承和导轴承，在油槽油温不低于 10℃时，应允许发电机组启动，并允许发电机在停机后立即启动和在事故情况下不制动停机，但此种停机一年之内不宜超过 3 次。（√）

41. 依据 DL/T 751《水轮发电机运行规程》的规定，弹性金属塑胶推力瓦在每年运行时间 5000h 以上和开停机 1200 次以下的情况下，弹性金属塑料推力瓦的使用年限不少于 15 年。（√）

42. 依据 DL/T 751《水轮发电机运行规程》的规定，当弹性金属塑料胶推力瓦瓦体温度不超过 55℃时，允许长期运行，瓦体温度达 55℃时报警，达 60℃时停机。（√）

43. 依据 DL/T 751《水轮发电机运行规程》的规定，采用外循环冷却的弹性金属塑料推力瓦，不允许断油运行。（√）

44. 依据 DL/T 751《水轮发电机运行规程》的规定，空气冷却器、油水冷却器的冷却水压力宜为 0.2～0.5MPa。（√）

45. 依据 DL/T 751《水轮发电机运行规程》的规定，发电机运行在额定转速及额定功率因数，电压偏差不超过额定值的

±5%时，发电机可按额定容量运行。（√）

46. 依据 DL/T 751《水轮发电机运行规程》的规定，发电机运行在额定电压时，频率偏差不超过额定值的±2%，发电机可按额定容量运行。（×）

47. 依据 DL/T 751《水轮发电机运行规程》的规定，发电机连续运行的最高允许电压应遵守制造厂家的规定，但最高不得大于额定值的 120%。（×）

48. 依据 DL/T 751《水轮发电机运行规程》的规定，发电机的最低运行电压应根据稳定运行的要求来确定，一般不应低于额定值的 90%。（√）

49. 依据 DL/T 751《水轮发电机运行规程》的规定，在满足电网安全稳定的条件下，允许用提高功率因数的方法把发电机的有功功率提高到额定视在功率运行。（√）

50. 依据 DL/T 817《立式水轮发电机检修技术规程》的规定，在发电机运行或检修过程中，发现有危及安全运行的重大设备缺陷，应立即停机检修或延长检修时间。（√）

51. 依据 DL/T 817《立式水轮发电机检修技术规程》的规定，立式水轮机各螺栓连接均应按规定拧紧，有预紧力要求的螺栓连接，装复时其预应力偏差不应大于规定值的±10%。若制造厂无明确要求，则预应力不应小于工作压力的 2 倍，且不大于材料屈服强度的 3/4。（√）

52. 依据 DL/T 817《立式水轮发电机检修技术规程》的规定，立式水轮机组冷却器应按设计要求的试验压力进行强度耐压试验。设计无规定时，试验水压力一般为工作压力的 1.5 倍，但不低于 0.4MPa，保持压力 60min，无渗漏现象。（√）

53. 依据 DL/T 817《立式水轮发电机检修技术规程》的规

定，立式水轮机组冷却器如有单根冷却铜管破裂，可采用楔塞堵死铜管的方法处理破损铜管，但堵塞铜管的根数不应超过总根数的 10%，否则应更换冷却器。（√）

54. 依据 DL/T 817《立式水轮发电机检修技术规程》的规定，立式水轮机巴氏合金推力瓦检修研刮，巴氏合金推力瓦瓦面接触点应为 1～3 点/cm^2。（√）

55. 依据 DL/T 817《立式水轮发电机检修技术规程》的规定，立式水轮机巴氏合金推力瓦检修研刮，巴氏合金推力瓦瓦面局部不接触面积，每处不应大于推力瓦面积的 2%，但最大不超过 16cm^2，其总和不应超过推力瓦面积的 5%。（√）

56. 依据 DL/T 817《立式水轮发电机检修技术规程》的规定，立式水轮机检修弹性金属塑料推力瓦时，一般不应刮研瓦面或加工瓦背面，只需处理毛刺、高点。（√）

57. 依据 GB/T 7894《水轮发电机基本技术条件》的规定，立式水轮发电机组安装，推力轴承总装完毕，顶起转子，注入润滑油前，用 1000V 绝缘电阻表检查单块弹性金属塑胶推力瓦面的绝缘电阻值应不小于 1MΩ。（√）

58. 依据 DL/T 817《立式水轮发电机检修技术规程》的规定，立式水轮机检修弹性金属塑料推力瓦时，如果推力瓦瓦面磨损严重，有裂纹现象，可处理后继续使用。（×）

59. 依据 DL/T 1055《发电厂汽轮机、水轮机技术监督导则》的规定，水轮机公称直径应在保证发足额定功率和获得最佳经济效益的前提下选取。（√）

60. 依据 DL/T 1055《发电厂汽轮机、水轮机技术监督导则》的规定，水轮机可用率不小于 95%。（√）

61. 依据 GB/T 15468《水轮机基本技术条件》的规定，水

轮机的使用寿命应不低于 40 年。（√）

62. 在空泡溃灭时，会产生极高的压力，并伴随有高温、放电和化学反应产生，从而使固体边壁受到剥蚀破坏，这种现象称为“空蚀”。（√）

63. 与无空化工况效率相比，效率降低 1%时的空化系数，为临界空化系数。（√）

64. 超声波探伤中，发射超声波是利用正压电效应，接收超声波是利用逆压电效应。（√）

65. 磁粉检测可以检测铁磁性材料表面和近表面缺陷。（√）

66. 常用的硬度测量方法是压入法。（√）

67. 冲击韧性是指材料抵抗冲击载荷而不破坏的能力。（√）

68. 叶轮补焊热处理后应进行硬度试验。（√）

69. 水轮机导轴承、发电机上下导轴承、推力轴承、发电机定子绕组和铁芯、油槽内、空气冷却器的进出口处，都应安装有温度信号传感器。（√）

70. 依据 DL/T 507《水轮发电机组启动试验规程》的规定，机组启动试运行前调速系统及其设备应调试合格。油压装置压力、油位正常，透平油化验合格。各部表计、阀门、自动化元件均已整定符合要求。（√）

二、单选题

1.《中国华电集团有限公司发电机组优化检修》中关于机组检修间隔原则上依据运行小时数确定。机组累计运行小时数达到_____h 安排小修，机组大修后累计运行小时数达到_____h

安排大修。（D）

A. 20 000，40 000　　B. 10 000，30 000

C. 20 000，30 000　　D. 10 000，40 000

2.《中国华电集团有限公司发电机组优化检修》中关于混流式、轴流转桨式水轮机组大修间隔一般不超过_____年，贯流式水轮机组大修间隔一般不超过_____年。（C）

A. 6，8　　B. 7，6

C. 8，6　　D. 8，8

3. 水轮机水力效率是指水轮机的_____。（A）

A. 轴端出力与输入水流的出力之比

B. 最大出力与输入水流的额定水流之比

C. 额定出力与输入水轮机的水流出力之比

D. 额定出力与输入水轮机的最大水流出力之比

4. 空化是_____的一种动态过程。（C）

A. 固体　　B. 气体

C. 液体　　D. 物体

5. 水轮机的最大飞逸转速_____。（C）

A. 大于机组的临界转速

B. 等于机组的临界转速

C. 小于机组的临界转速

D. 与临界转速的比值不确定

6. 要提高反击式水轮机的效率，主要应提高_____。（C）

A. 容积效率　　B. 机械效率

C. 水力效率　　D. 输入功率

7. 混流式水轮机增加叶片数目的目的是_____。（A）

A. 提高转轮的强度和刚度，但会使水轮机的过流量相应减少

B. 提高转轮的强度，但会使水轮机的过流量相应增加

C. 提高转轮的刚度，但会使水轮机的过流量相应增加

D. 提高转轮的刚度，但会使水轮机的过流量相应减少

8. _____水轮机适应水头范围在 20～700m。（B）

A. 轴流式　　B. 混流式

C. 水斗式　　D. 斜流式

9. 尾水管上部_____可导致尾水管壁强烈振动，并产生强烈噪声。（D）

A. 空腔气蚀　　B. 间隙气蚀

C. 翼型气蚀　　D. 压力脉动

10. 混流式水轮机最主要的空化和空蚀方式是_____。（A）

A. 翼型空化和空蚀　　B. 局部空化和空蚀

C. 空腔空化和空蚀　　D. 间隙空化和空蚀

11. 根据《中国华电集团有限公司水电新能源发电企业技术监督实施细则》的规定，透平油处理系统应每_____检查一次，启动检查设备运转正常，各部无渗漏。（B）

A. 周　　B. 月

C. 季　　D. 15 天

12. 混流式转轮静载荷较大的区域不包括_____。（D）

A. 叶片与上冠相贯处　　B. 叶片与下环相贯处

C. 应力集中部位　　D. 叶片中间部位

13. 关于偶发性裂纹，下列说法错误的是_____。（A）

A. 若采用复原性修复，重发的概率非常高

B. 裂纹随机出现

C. 裂纹数量较少

D. 一般能够找到明显缺陷源

14. 下述说法错误的是______。（B）

A. 转轮裂纹往往是水力、结构、材料、制造和运行等多个因素共同作用的结果

B. 疲劳裂纹都不是偶发性裂纹

C. 转轮局部修型主要在叶片厚度和圆角焊缝、叶片与上冠下环夹角、叶片端部型线、叶片厚度在各方向的变化坡度四个方面改变结构

D. 转轮局部补强及修型优化需要有前期周密的技术准备，不能盲目进行

15. 水电站压力钢管末端的主阀采用______阀门类型其水力条件最好。（B）

A. 闸阀　　　　B. 球阀

C. 蝴蝶阀　　　D. 针型阀

16. 下列图片不是疲劳破坏的是______。（C）

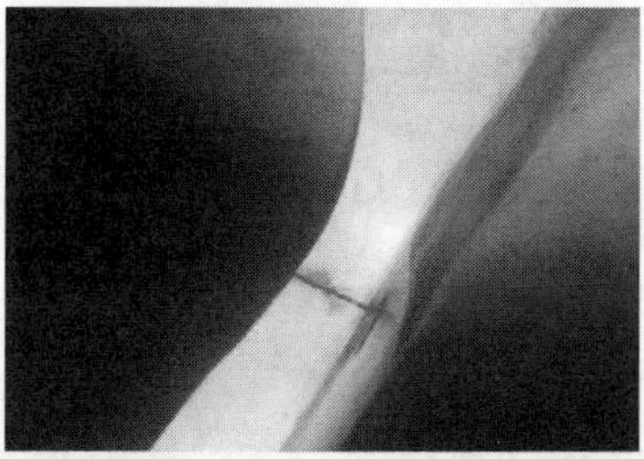

A

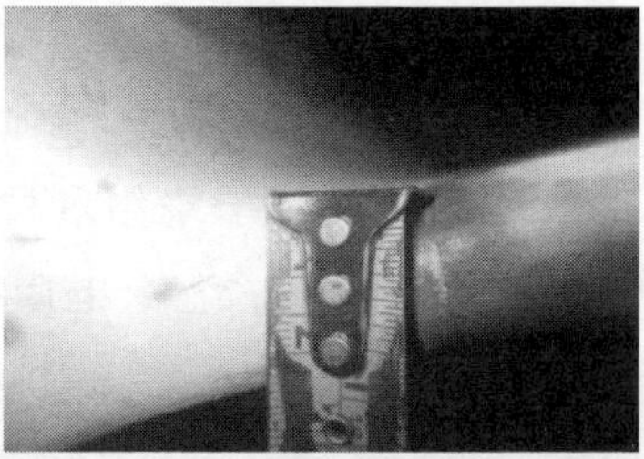

B

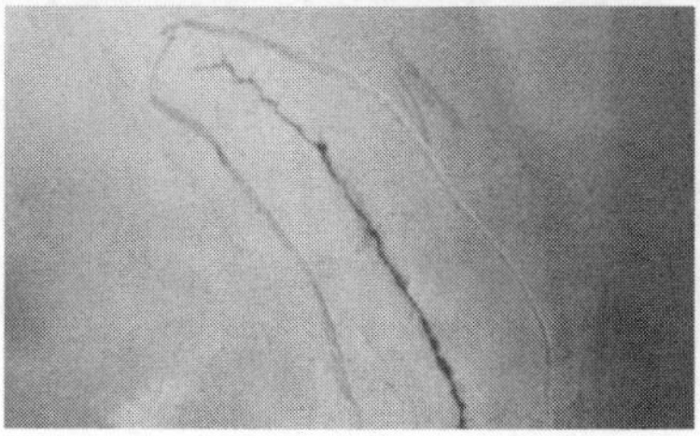

C

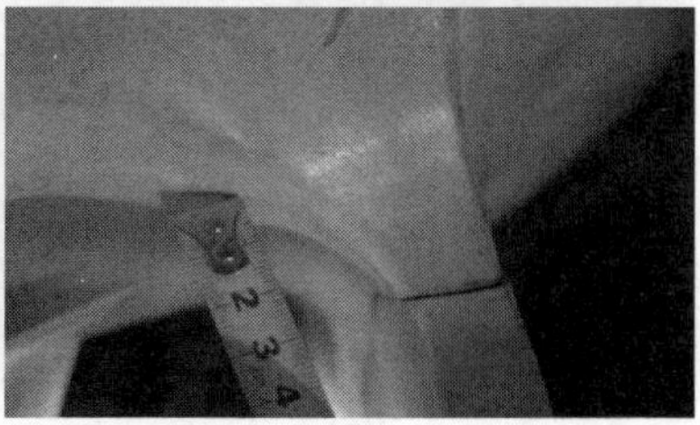

D

17. 竖轴反击式水轮机直径为_____m 及以上时，水轮机室顶部宜设置起吊装置。（A）

A. 3　　B. 4

C. 5　　D. 6

18. 冲击式水轮机直径为_____m 及以上时，水轮机室顶部宜设置起吊装置。（A）

A. 1.5　　B. 2

C. 2.5　　D. 3

19. 水轮机各种工况运行时，其稀油导轴承金属轴瓦的温度最高不应超过_____℃。（B）

A. 65　　B. 70

C. 75　　D. 80

20. 水轮机各种工况运行时，塑胶轴瓦的温度最高不应超过_____℃。（B）

A. 45　　B. 50

C. 55　　D. 60

21. 发电机转子绕组和励磁一次回路绝缘电阻在室温为 10～40℃用 500V 绝缘电阻表测量时，绝缘电阻值应不小于_____MΩ。（C）

A. 0.2　　B. 0.3

C. 0.5　　D. 1.0

22. 型号 HL200－LJ－500 表示混流式水轮机的_____为 200。（B）

A. 工作水头　　B. 转轮型号

C. 流量　　D. 转速

23. 水轮机主轴的输出功率_____发电机主轴的输出功率。

（A）

A. 大于　　　　B. 小于

C. 等于　　　　D. 不大于

24. 大中型立式机组常采用弯肘形尾水管，是因为它_____。（C）

A. 效率高　　　　B. 气蚀性能好

C. 可节省投资　　　　D. 以上答案都不对

25. 依据 DL/T 507《水轮发电机组启动试验规程》的规定，机组正常运行时的大轴运行摆度（双幅值），其值应小于_____倍轴承总间隙或符合机组合同的规定。（C）

A. 0.5　　　　B. 0.6

C. 0.7　　　　D. 0.8

26. 依据 DL/T 817《立式水轮发电机检修技术规程》的规定，机组检修后，首次手动停机过程中，除_____以外都要检查。（D）

A. 监视各部轴轴承温应变化

B. 检查继电器的动作情况

C. 录制停机过程中的转速时间关系曲线

D. 检查转动部分焊缝是否有开裂

27. 下列发电机升流试验应具备的条件，不正确的是_____。（C）

A. 用厂用电提供主励磁装置电源

B. 投入机组水轮机保护

C. 测量发电机转子绕组对地绝缘值，一般不小于 2.0MΩ

D. 插入转子滑环碳刷

28. 下列允许最高温度错误的是_____。（B）

A. 推力轴承巴氏合金瓦：80℃

B. 导轴承巴氏合金瓦：80℃

C. 推力轴承塑胶瓦体：55℃

D. 导轴承塑胶瓦体：55℃

29. 混流式水轮机主轴中心孔用于_____。（B）

A. 装置操作油管

B. 轴心补气

C. 装置操作油管和轴心补气

D. 励磁引线

30. 水轮机的设计水头是指_____。（C）

A. 保证水轮机安全运行的最低水头

B. 允许水轮机运行的最高水头

C. 水轮机发出额定出力的最低水头

D. 水轮机效率最高的水头

31. 对水轮机性能起明显作用的气蚀是_____。（D）

A. 间隙气蚀　　B. 空腔气蚀

C. 局部气蚀　　D. 翼型气蚀

32. 水轮机可以在不同的工况下运行，其中_____的工况称为最优工况。（B）

A. 出力最大　　B. 效率最高

C. 流量最大　　D. 开度最大

33. 悬吊型水轮发电机的下机架为_____机架。（B）

A. 负荷　　B. 非负荷

C. 不一定　　D. 第二

34. 推力轴承所用的油类是_____。（A）

A. 透平油　　B. 绝缘油

C. 空气压缩机油　　　　　D. 齿轮箱油

35. 推力轴承只承受_____载荷。（A）

A. 轴向　　　　　B. 斜向

C. 径向　　　　　D. 轴向和径向

36. 中低速大中型水轮发电机多采用_____式装置。（A）

A. 立　　　　　B. 卧

C. 斜　　　　　D. 立、卧

37. 全伞式水轮发电机必须存在的导轴承和可以不存在的导轴承分别为_____。（C）

A. 上导轴承和中导轴承　　　　　B. 上导轴承和下导轴承

C. 下导轴承和上导轴承　　　　　D. 中导轴承和上导轴承

38. 定子的铁芯，是水轮发电机组_____的主要通道。（B）

A. 电路　　　　　B. 磁路

C. 磁场　　　　　D. 电场

39. 悬吊型水轮发电机的上机架为_____机架。（A）

A. 负荷　　　　　B. 减载

C. 空载　　　　　D. 非负荷

40. 伞型水轮发电机的上机架为_____机架。（B）

A. 负荷　　　　　B. 非负荷

C. 空载　　　　　D. 承载

41. 立式水轮发电机，按其_____的装设位置不同，分为悬吊型和伞型两大类。（A）

A. 推力轴承　　　　　B. 上导轴承

C. 下导轴承　　　　　D. 水导轴承

42. 水轮发电机转动惯量 J 与其飞轮力矩 GD^2 的关系为_____。（D）

A. $GD^2=J$　　B. $GD^2=gJ$

C. $GD^2=4J$　　D. $GD^2=4gJ$

43. 导轴承在运行中承担_____载荷。（B）

A. 轴向　　B. 径向

C. 轴向和径向　　D. 所有

44. 推力轴承托盘的作用主要是_____。（A）

A. 减小推力瓦的变形

B. 只是便于放置推力瓦

C. 增加瓦的刚度

D. 瓦的基础

45. 水轮发电机组的转动惯量主要决定于_____。（C）

A. 磁轭和轮毂　　B. 主轴和磁极

C. 磁轭和磁极　　D. 定子铁芯

46. 水轮发电机一般都为_____式三相_____发电机。（B）

A. 凸极，异步　　B. 凸极，同步

C. 隐极，同步　　D. 隐极，异步

47. 水头大于 700m 时，唯一可采用的一种机型是_____。（D）

A. 混流式水轮机　　B. 轴流转桨式水轮机

C. 斜流式水轮机　　D. 水斗式水轮机

48. 水斗式水轮机与混流式水轮机相比较，其特点是_____。（D）

A. 适用高水头，大流量　　B. 平均效率高

C. 应用水头范围窄　　D. 结构简单，工程造价较低

49. 水斗式水轮机喷管相当于反击型水轮机的_____。（A）

A. 导水机构　　B. 导叶操作机构

C. 导叶　　D. 泄水锥

50. 水轮机线性特性曲线中包括_____。（B）

A. 主要模型综合特性曲线

B. 工作特性、水头特性和转速特性曲线

C. 效率特性曲线

D. 运转综合特性曲线

51. 混流式水轮机基础环的作用是_____。（C）

A. 承受水流轴向推力

B. 承受基础混凝土重量

C. 座环基础，在安装、检修时放置转轮

D. 承受机组转动部分的重量

52. 属于导水机构的传动机构的是_____。（B）

A. 接力器　　B. 控制环

C. 导叶　　D. 顶盖

53. 中、低水头混流式水轮机转轮直径 D_1 与叶片出水边的最大直径 D_2 的关系是_____。（C）

A. $D_1 > D_2$　　B. $D_1 = D_2$

C. $D_1 \leqslant D_2$　　D. $D_1 \geqslant D_2$

54. 电能质量的主要指标是_____。（C）

A. 电流和电压　　B. 有功和无功

C. 频率和电压　　D. 电流和频率

55. 反击式水轮机能量损失产生的原因有_____。（D）

A. 水力损失和容积损失

B. 机构损失和容积损失

C. 水力损失和机械损失

D. 水力损失、容积损失和机械损失

56. 下列不属于反击式水轮机的是______。（D）

A. 混流式水轮机　　B. 轴流式水轮机

C. 斜流式水轮机　　D. 水斗式水轮机

57. 混流式水轮机转轮下环形状对水轮机转轮的______有较明显影响。（D）

A. 强度和刚度　　B. 直径和水轮机效率

C. 过流量和转速　　D. 过流量和气蚀性能

58. 混流式水轮机导叶开度是指______。（C）

A. 导叶出口边与相邻导叶间的最大距离

B. 导叶出口边与相邻导叶出口边的最小距离

C. 导叶出口边与相邻导叶间的最小距离

D. 导叶出口边与相邻导叶出门边的最大距离

59. 轴流转桨式水轮机与混流式水轮机相比，______。（A）

A. 混流式水轮机结构简单

B. 混流式水轮机结构复杂

C. 结构复杂程度相同

D. 轴流转桨式适用于高水头电站

60. 水轮机额定出力是在______下水轮机主轴输出的功率。（B）

A. 最大水头、最大流量、额定转速

B. 设计水头、设计流量、额定转速

C. 设计水头、最大流量、额定转速

D. 最小水头、设计流量、额定转速

61. 蜗壳的作用是使进入导水叶以前的水流形成一定的旋转，并______将水流引入导水机构。（D）

A. 中心对称地、均匀地　　B. 角对称地、均匀地

C. 面对称地、均匀地　　　　D. 轴对称地、均匀地

62. 水轮机总效率是水轮机的_____。（A）

A. 轴端出力与输入水流的出力之比

B. 最大出力与输入水流的额定水流之比

C. 额定出力与输入水轮机的水流出力之比

D. 额定出力与输入水轮机的最大水流出力之比

63. 水轮机的设计流量为水轮机在_____时所需要的流量。（C）

A. 设计水头下发出最大出力

B. 最大水头下发出最入出力

C. 设计水头下发出额定出力

D. 最大水头下发出额定出力

64. 水轮机尾水管的作用是_____。（C）

A. 使水流在转轮室内形成涡流

B. 引导水流进入导水机构

C. 使转轮的水流排入河床，减少水头损失

D. 排出水流

65. 轴流转桨式转轮叶片数目与水轮机的设计水头成_____。（B）

A. 反比　　　　B. 正比

C. 平方比　　　　D. 立方比

66. 关于大、中型轴流式水轮机转轮室，下列说法正确的是_____。（D）

A. 大、中型轴流式水轮机转轮室在叶片枢轴中心线以上为圆柱面，以下为圆锥面

B. 大、中型轴流式水轮机转轮室在叶片枢轴中心线以上为

球面，以下为圆锥面

C. 大、中型轴流式水轮机转轮室在叶片枢轴中心线以上为球面，以下为圆柱面

D. 大、中型轴流式水轮机转轮室在叶片枢轴中心线以上为圆柱面，以下为球面

67. 混流式水轮机气蚀的主要类型是______。（D）

A. 间隙气蚀　　B. 局部气蚀

C. 空腔气蚀　　D. 翼型气蚀

68. 水电站厂房桥式起重机的额定起重量一般是根据______来选择的。（A）

A. 水轮发电机转子重量

B. 水轮发电机的总重量

C. 水轮机重量

D. 水轮发电机组转动部分的重量

69. 轴流转桨式水轮机主轴中心孔用来______。（A）

A. 装设操作油管　　B. 补气

C. 装设操作油管和补气　　D. 装配定位

70. 下列______不属于机械因素引起的水轮机振动。（D）

A. 主轴弯曲或挠曲

B. 推力轴承调整不良，轴承间隙过大

C. 主轴法兰连接不紧和机组对中心不准引起空载低转速时的振动

D. 发电机气隙不均匀

71. 下列______不属于电气因素引起的水轮机振动。（D）

A. 发电机气隙不均匀

B. 励磁系统工作不稳定

C. 三相负荷不平衡

D. 推力轴承调整不良，轴承间隙过大

72. 水轮机水头为 H，电站毛水头为 H_g，引水损失率 μ 的计算方法为______。（C）

A. $\mu=(H-H_g)/H_g$　　B. $\mu=(H_g-H)/H$

C. $\mu=(H_g-H)/H_g$　　D. $\mu=(H-H_g)/H$

73. 以下______不是防抬机的措施。（D）

A. 设置真空破坏阀　　B. 增设转轮上的止推环

C. 分段关导叶　　D. 设置泄水锥

74. 轴流转桨式水轮机，叶片密封装置的作用是______。（C）

A. 防止油压降低

B. 防止渗入压力油

C. 对内防止油外泄，对外防水渗入

D. 对内防止水外泄，对外放油渗入

75. 主轴密封能有效地防止水流从主轴与______之间的间隙上溢。（A）

A. 顶盖　　B. 水导轴承

C. 座环　　D. 上冠

76. 空气冷却器由许多铜管组成，在铜管的外圆面上绕满铜丝网或者铜片的目的是增加______。（B）

A. 散热面积　　B. 吸热面积

C. 温度　　D. 结露

77. 依据 DL/T 507《水轮发电机组启动试验规程》的规定，机组首次启动到额定转速后，应测定机组各部位的振动和摆度值。若振动超过允许值，需做______试验。（D）

A. 过速度　　B. 开停机

C. 静平衡　　D. 动平衡

78. 摆度是机组转动部件在旋转过程中，因机组转动部件轴线______平衡位置引起的水平晃动的程度。（B）

A. 静态变形和动态变形

B. 静态变形、动态变形及动态轴线偏移

C. 动态变形和动态轴线偏移

D. 静态变形和动态轴线偏移

79. 水轮发电机作为调相机组运行时，带无功越多，其功率损失______。（C）

A. 越小　　B. 不变

C. 越大　　D. 不一定

80. 定子椭圆度大，会造成______。（C）

A. 机械振动　　B. 水力振动

C. 电磁振动　　D. 综合振动

81. 测机组摆度时，应选用______电涡流传感器。（A）

A. 变间隙型　　B. 变面积型

C. 变长度型　　D. 变体积型

82. 发电机在运行时定子铁芯发热是由铁芯的______造成的。（C）

A. 磁滞损耗　　B. 涡流损耗

C. 磁滞和涡流损耗　　D. 发热损耗

83. 根据 DL/T 817《立式水轮发电机检修技术规程》的要求，为检验导轴承油槽组装后的密封性，水轮发电机导轴承油槽装复后，应做______渗漏试验，应至少保持______h 无渗漏现象，做完渗漏试验后不再拆卸。（C）

A. 煤油，2　　B. 汽油，2

C. 煤油，4　　D. 汽油，4

84. 依据 DL/T 751《水轮发电机运行规程》的规定，空气冷却的水轮发电机组，当其定子绝缘采用耐热等级为 F 级绝缘材料时，采用检温计法测量的定子铁芯的允许温升极限值为_____K。（B）

A. 85　　B. 105

C. 65　　D. 90

85. 依据 DL/T 751《水轮发电机运行规程》的规定，空气冷却的水轮发电机组，当其定子绝缘采用耐热等级为 F 级绝缘材料时，采用电阻法测量定子绕组的最高允许温升值为_____K。（B）

A. 85　　B. 105

C. 65　　D. 90

86. 依据 DL/T 751《水轮发电机运行规程》的规定，水轮发电机在正常运行工况下，推力轴承巴氏合金瓦的最高温度采用埋置检温计法测量应不超过_____℃。（A）

A. 80　　B. 75

C. 55　　D. 90

87. 依据 DL/T 751《水轮发电机运行规程》的规定，水轮发电机在正常运行工况下，推力轴承塑料瓦体的最高温度采用埋置检温计法测量应不超过_____℃。（C）

A. 80　　B. 75

C. 55　　D. 90

88. 依据 DL/T 751《水轮发电机运行规程》的规定，水轮发电机在正常运行工况下，导轴承塑料瓦体的最高温度采用埋

置检温计法测量应不超过_____℃。（B）

A. 80　　B. 75

C. 55　　D. 90

89. 依据 GB/T 7894《水轮发电机基本技术条件》的规定，水轮发电机及其直接连接的辅机，应在最大飞逸转速下运行_____而不产生有害的变形和损坏。（A）

A. 5min　　B. 3min

C. 2min　　D. 1min

90. 水轮机的效率 η_____。（C）

A. ＞1　　B. ＝1

C. ＜1　　D. ≤1

91. 推力轴承油槽内油的作用是_____。（C）

A. 散热　　B. 润滑

C. 润滑和散热　　D. 绝缘

92. 推力轴承只承受_____荷载。（A）

A. 轴向　　B. 斜向

C. 径向　　D. 轴向和径向

93. 水轮发电机各相或各分支的直流电阻值，在校正了由于引线长度不同而引起的误差后，相互间差别以及与初次（出厂或交接时）测量值比较，相差不得大于最小值的_____。（B）

A. 0.5%　　B. 1.0%

C. 1.5%　　D. 2.0%

94. 转动惯量影响着水轮发电机组及电力系统的_____性。（B）

A. 速动　　B. 稳定

C. 安全　　D. 波动

95. 水轮机泄水锥的作用是______。（A）

A. 减小水力损失　　B. 减轻气蚀

C. 排除渗漏水　　D. 减小水力不平衡

96. 水轮机主轴要同时承受______的综合作用。（B）

A. 压、扭及径向力　　B. 拉、扭及径向力

C. 压、扭及轴向力　　D. 拉、扭及轴向力

97. 发电机负荷增加的同时，水轮机必须相应地将导水叶开度______。（D）

A. 保持不变　　B. 减少

C. 关到零　　D. 增大

98. 下列属于水轮机排水部件的是______。（A）

A. 尾水管　　B. 导轴承

C. 止漏装置　　D. 蜗壳

99. 水轮机的轴向水推力是作用在______向下的水压力及由于水流对叶片的反作用力引起的向下的水压力和转轮的上浮力等几个轴向力的合力。（B）

A. 上冠表面和下环内表面

B. 上冠表面和下环外表面

C. 上冠下表面和下环外表面

D. 上冠下表面和下环内表面

100. 空蚀破坏时材料被破坏的特征是______。（B）

A. 材料表面呈沟槽状结构

B. 材料表面呈蜂窝状结构

C. 材料表面呈锯齿状结构

D. 材料表面呈涡带状结构

101. 下列关于反击式水轮机的说法，错误的是______。（A）

A. 蜗壳是对水轮机起保护作用的外壳

B. 关闭导水机构，可以使水轮机停止运转

C. 水轮机转轮是实现将水能转换为机械能的核心部件

D. 尾水管可提高水能的利用率

102. 测量座环水平一般应选用______。(C)

A. 钢板尺　　B. 胶管水平仪

C. 框型水平仪　　D. 水平尺

103. 水轮发电机首次启动的主要目的是检查转动部分与固定部分是否有碰撞、轴瓦温度是否稳定、______是否合格。(D)

A. 油温和水温　　B. 压力和流量

C. 开机程序　　D. 摆度和振动

104. 水轮机空载运行时______为零。(C)

A. 水头　　B. 转速

C. 负荷　　D. 水力损失

105. 水轮机是将水能转换为机械能的一种______。(B)

A. 水能机械　　B. 水力机械

C. 水力机器　　D. 水能机器

106. 水轮机的中心测定工作是在______期间完成的。(B)

A. 正式安装　　B. 预装

C. 安装后　　D. 安装前

107. 水轮机导水机构因损坏进行检修处理后，必须对导叶进行______。(C)

A. 端面间隙调整　　B. 立面间隙调整

C. 端面、立面间隙调整　　D. 测量

108. 水轮机顶盖真空破坏阀的作用是：当水轮机活动导

叶______时，向顶盖或支持盖内迅速补气，以减轻反水锤的作用。（C）

A. 关闭　　B. 开启

C. 紧急关闭　　D. 动作

109. 运行中导水叶剪断销剪断，因水力不平衡会引起机组很大______。（C）

A. 振动　　B. 摆度

C. 振动和摆度　　D. 挠度

110. 座环下环内缘的下部与______相接。（D）

A. 底环　　B. 顶盖

C. 尾水管　　D. 基础环

111. 剪断销的作用是______。（C）

A. 保证导叶不被异物卡住

B. 调节导叶间隙

C. 保证导水机构安全

D. 监视导叶位置

112. 大型水轮发电机并列方式常使用______。（B）

A. 自同期并列　　B. 自动准同期并列

C. 手动准同期并列　　D. 半自动准同期并列

三、多选题

1. 根据《中国华电集团有限公司水电新能源发电企业技术监督实施细则》的要求，下列选项中属于机组A修后要开展的试验项目的有______。（ABCD）

A. 水轮机效率试验

B. 水轮发电机过速及甩负荷试验

C. 水轮发电机调速系统特性试验

D. 水轮发电机稳定性试验

2. 下列选项中防止水轮机导叶破坏的安全装置有_____。（ABCD）

A. 剪断销（破断连杆）　　B. 导叶限位装置

C. 导叶轴向调整装置　　D. 止推装置

3. 水轮发电机及相关机电设备（含监控系统及仪表等）安装调试后，根据相关规程检验合格后进行启动试验。常规水轮机启动试运行应包括_____试验项目。（ABCD）

A. 首次启动、升转速试验及动平衡试验

B. 手动、自动开停机试验及调速器调整试验

C. 过速试验和甩负荷试验

D. 水轮机保护动作试验

4. 模型和原型水轮机相似必须满足_____。（AB）

A. 几何相似　　B. 动力相似

C. 方程相似　　D. 物性相似

5. 导致机组振动的水力因素有_____。（ABCD）

A. 空蚀　　B. 转轮叶片型线不好

C. 叶片出口卡门涡带　　D. 压力脉动

6. 疲劳破坏具有_____特征。（BD）

A. 瞬间发生　　B. 无明显塑性变形

C. 呈撕裂状　　D. 断口光滑

7. 下列_____措施可以改善转轮裂纹状况。（ABCD）

A. 减少低负荷工况运行时间

B. 转轮局部型线优化

C. 制造过程要求提高

D. 机组开机规律优化

8. 一般来说，转轮裂纹检查的常规方法是______。(ACD)

A. 着色探伤　　B. 涡流探伤

C. 超声波探伤　　D. 常规目视检查

9. 半伞式水轮发电机的结构可能有______。(AB)

A. 有上导轴承，有下导轴承

B. 有上导轴承，无下导轴承

C. 无上导轴承，有下导轴承

D. 无上导轴承，无下导轴承

10. 以下属于水轮发电机组并列试验内容的是______。(ABCD)

A. 选择同期点及同期断路器，检查同期回路的正确性

B. 断开待同期点隔离开关，分别以手动与自动准同期方式进行机组的模拟并列试验

C. 检查同期装置的工作情况，同时录制发电机电压、系统电压、断路器合闸脉冲示波图

D. 录制电流和电压示波图

11. 下列指标属于水轮发电机组甩负荷应监测的有______。(ABC)

A. 导叶接力器紧急关闭时间

B. 蜗壳水压上升率

C. 机组转速上升率

D. 励磁电压变化情况

12. 机组最大出力试验应记录的指标包括______。(ABCD)

A. 温度　　B. 振动

C. 摆度　　D. 有功和无功功率值

13. 下列关于机组振摆监测传感器的描述，正确的有______。（CD）

A. 水轮发电机组摆度监测常用的传感器是速度传感器

B. 水轮发电机组摆度监测常用的传感器是加速度传感器

C. 水轮发电机组摆度监测常用的传感器是电涡流传感器

D. 水轮发电机组振动监测常用的传感器是加速度传感器

14. 下列关于空化空蚀的描述，正确的有______。（ABD）

A. 工程上，把静止的或流动的液体，在一定的温度下降低压力使其汽化的现象称为空化

B. 空化最显著的破坏作用，是空泡溃灭时产生的压力冲击对固体边壁的剥蚀作用，即为通常所说的空蚀

C. 水轮机的装置空化系数越大，水轮机越不容易发生空蚀

D. 水轮机的装置空化系数越大，水轮机越容易发生空蚀

15. 下列描述正确的有______。（ABCD）

A. 状态检修就是根据状态监测和诊断技术提供的设备状态信息，评估设备的状态，在故障发生前进行的检修方式

B. 设备检修应贯彻“安全第一”的方针，杜绝各类违章，确保人身和设备安全

C. 水轮机的比转速、额定转速应通过技术经济比较确定

D. 水轮机吸出高度的选择应满足在规定的运行范围内稳定运行和经济合理

16. 下列描述正确的有______。（CD）

A. 水轮机进水阀后的压力管道顶部和卧室水轮机的蜗壳顶部可不必设置补气装置

B. 水轮机允许飞逸转速持续时间应不大于配套发电机允许的飞逸转速时间

C. 反击式水轮机蜗壳进人门不宜小于 $\phi600$

D. 冲击式水轮机分流管直径不小于 1m 时，应在分流管上设进人门

17. 下列描述正确的有______。（ABCD）

A. 水轮机应采用自然或其他方式补气，目的是保障水轮机在功率规定范围内振动值不超过规程规定

B. 冲击式水轮机可采用反向水斗装置，以抑制飞逸转速

C. 当机组甩去全部负荷，水轮机轴端负荷力矩为 0 时的转速称为飞逸转速

D. 在水轮机所规定的空化基准面与设计尾水位的高差，称为吸出高度

18. 下列描述正确的有______。（ABC）

A. 对于转桨式水轮发电机组甩负荷后，应检查调速系统的协联关系和分段关闭的正确性

B. 机组未并网，以额定转速运行，但励磁未投入，称为空转

C. 机组未并网，以额定转速运行，励磁投入，称为空载

D. 转速死区称为不灵敏度

19. 下列描述正确的有______。（AB）

A. 发电机转子绕组和励磁一次回路绝缘电阻在室温为 10～40℃，用 500V 绝缘电阻表测量时，绝缘电阻值应不小于 0.5MΩ

B. 发电机正常运行时，其轴承最高温度应采用埋置检温计方法测量，推力轴承巴氏合金瓦不超过 80℃

C. 发电机正常运行时，其轴承最高温度应采用埋置检温计方法测量，导轴承巴氏合金瓦不超过 80℃

D. 发电机正常运行时，其轴承最高温度应采用埋置检温计方法测量，推力轴承塑胶瓦体不超过 60℃

20. 下列描述不正确的是______。（ABD）

A. 发电机正常运行时，其轴承最高温度应采用埋置检温计方法测量，导轴承巴氏合金瓦不超过 80℃

B. 发电机正常运行时，其轴承最高温度应采用埋置检温计方法测量，推力轴承塑胶瓦体不超过 60℃

C. 发电机正常运行时，其轴承最高温度应采用埋置检温计方法测量，导轴承塑胶瓦体不超过 55℃

D. 发电机正常运行时，其轴承最高温度应采用埋置检温计方法测量，座式滑动轴承巴氏合金瓦不超过 75℃

21. 下列描述正确的有______。（ABCD）

A. 制造厂家无规定的，采用巴氏合金瓦的推力轴承和导轴承自循环冷却油槽油温不应低于 10℃

B. 制造厂家无规定的，采用弹性金属塑胶瓦的推力轴承和导轴承自循环冷却油槽油温不应低于 5℃

C. 采用巴氏合金瓦的推力轴承和导轴承，在油槽油温不低于 10℃时，应允许发电机组启动，并允许发电机在停机后立即启动和在事故情况下不制动停机，但此种停机一年之内不宜超过 3 次

D. 弹性金属塑胶推力瓦在每年运行时间 5000h 以上和开停机 1200 次以下的情况下，弹性金属塑胶推力瓦的使用年限不少于 15 年

22. 下列关于空蚀的解释，正确的有______。（AB）

A. 空蚀是水轮机不可避免的破坏现象

B. 空蚀破坏主要是力学破坏

C. 空蚀破坏主要是化学破坏

D. 空蚀破坏是磨损范畴的一部分

23. 下列关于空蚀的描述，正确的有_____。（ABCD）

A. 空蚀和磨损是相互增强的作用关系

B. 空蚀类型中，翼型空蚀是反击式水轮机的主要破坏形式

C. 反击式水轮机转轮叶片背面下半部出水边发生概率大于叶片背面与上冠相交处发生概率

D. 反击式水轮机转轮叶片背面与下环靠近处发生概率大于叶片背面与上冠相交处发生概率

24. 下列关于空蚀的解释，正确的是_____。（ABC）

A. 空蚀分为翼型空蚀、间隙空蚀、空腔空蚀

B. 空蚀系数与尾水管恢复系数呈线性关系

C. 空蚀系数与转轮出口速度的大小有关

D. 空蚀系数与转轮翼型、尾水管性能有关，与运行工况无关

25. 磁极发现有_____缺陷之一时应分解检修或更换。（ABCD）

A. 主绝缘不良

B. 磁极线圈松动

C. 绕组匝间短路

D. 磁极阻尼环、阻尼条松动或阻尼条断裂

26. 下列描述正确的是_____。（CD）

A. 轴承检修时，对于推力轴承和导轴承可共享一个油槽的结构，导轴承与推力轴承不应同时排油、充油

B. 轴承冷却器分解后，检查承管板、铜管的管口、焊缝等锈蚀情况，并作除锈、刷防锈漆处理，更换水箱密封耐油胶皮垫，其厚度可与原垫不一致

C. 巴氏合金推力瓦检修研刮应采用与镜板和研磨平台研磨的方法，必要时可采用盘车研瓦方法

D. 修刮巴氏合金推力瓦时应对瓦面局部磨损严重处重点修刮，并辅以普遍挑花

27. 下列关于推力瓦的描述，正确的是_____。（ABCD）

A. 修刮巴氏合金推力瓦时应对瓦面局部磨损严重处重点修刮，并辅以普遍挑花

B. 巴氏合金推力瓦瓦面接触点应为 1～3 点/cm^2

C. 巴氏合金推力瓦瓦面局部不接触面积，每处不应大于推力瓦面积的 2%，但最大不超过 16cm^2，其总和不应超过推力瓦面积的 5%

D. 检修弹性金属塑胶推力瓦时，一般不应刮研瓦面或加工瓦背面，只需处理毛刺、高点

28. 下列关于水轮机的描述，正确的是_____。（ABC）

A. 水轮机公称直径应在保证发足额定功率和获得最佳经济效益的前提下选取

B. 按照 DL/T 1055 的要求，水轮机可用率不小于 95%

C. 水轮机的使用寿命应不低于 40 年

D. 水轮机的使用寿命应不低于 60 年

29. 下列关于运行期间瓦温允许值的描述，正确的是_____。（AC）

A. 水轮机各种工况运行时，其稀油导轴承金属轴瓦的温度最高不应超过 70℃

B. 水轮机各种工况运行时，其稀油导轴承金属轴瓦的温度最高不应超过 80℃

C. 水轮机各种工况运行时，塑胶轴瓦的温度最高不应超过

50℃

D. 水轮机各种工况运行时，塑胶轴瓦的温度最高不应超过60℃

30. 以下机组正常运行时的摆度（双幅值），未超标的是______。（ABC）

A. 0.5 倍轴承总间隙　　B. 0.6 倍轴承总间隙

C. 0.7 倍轴承总间隙　　D. 0.8 倍轴承总间隙

31. 自动开机过程中，需要检查的有______。（ABC）

A. 检查机组自动开机顺序是否正确，检查技术供水等辅助设备的投入情况

B. 检查推力轴承高压油顶起装置的工作情况

C. 检查调速器系统的工作情况

D. 记录自发出开机脉冲至机组达到 50%额定转速的时间

32. 根据空化破坏发生的部位，空化分为______。（ABCD）

A. 翼型空化　　B. 间隙空化

C. 空腔空化　　D. 局部空化

33. 水轮发电机组可以用来______。（BCD）

A. 蓄能　　B. 调峰

C. 调频　　D. 调相

34. 水轮机线性特性曲线中包括______曲线。（BCD）

A. 工作水头　　B. 工作特性

C. 水头特性　　D. 转速特性

35. 机组甩负荷的最大转速升高率保证值，按以下不同情况选取______。（ABCD）

A. 当机组容量占电力系统工作总容量的比重较大，或担负调频任务时，宜小于 50%

B. 当机组容量占电力系统工作总容量的比重不大，或不担负调频任务时，宜小于 60%

C. 贯流式机组最大转速升高率宜小于 65%

D. 冲击式机组最大转速升高率宜小于 30%

36. 下列属于机组 A 级检修后启动试验项目的有______。（ABCD）

A. 升压试验　　B. 同期试验

C. 导轴瓦温升试验　　D. 甩负荷试验

37. 机组振动的测量方法，按振动信号的传递方法可以分为______。（ABC）

A. 机械测振法　　B. 电测法

C. 光测法　　D. 声测法

38. 水轮机主阀通常有______工况。（AB）

A. 全开　　B. 全关

C. 25%开启　　D. 50%开启

39. 以下属于水轮机主阀的型式有______。（ABCD）

A. 蝴蝶阀　　B. 闸阀

C. 球阀　　D. 筒阀

40. 主阀按操作动力不同，可分为______。（ABC）

A. 手动操作　　B. 电动操作

C. 液压操作　　D. 气压操作

41. 水轮机主阀的启闭条件有______。（ABC）

A. 正常情况应在静水中关闭，关闭时间整定在 2min 内

B. 主阀开启前应平压

C. 停机过程中，导叶全关，机组仍停不下来，此时可动水关闭主阀停机

D. 主阀开启或关闭后，锁锭无须投入

42. 振动三要素是指_____。（ACD）

A. 振幅　　B. 振动变化率

C. 频率　　D. 初相位

43. 水轮机的效率由_____组成。（ABC）

A. 容积效率　　B. 水力效率

C. 机械效率　　D. 水头利用率

44. 发生_____事故时，机组应实现紧急事故停机。（AB）

A. 机械超速　　B. 水淹厂房

C. 机组各轴承过热　　D. 机组振动、摆度过大

45. 机组A级检修后，发电机甩负荷试验应在额定有功功率的_____下分别进行，若受运行水头和电力系统条件限制，发电机不能带额定负荷，可按当时条件最大负荷下进行甩负荷试验，但在以后电站具备条件时，应补做甩额定负荷试验。（ABCD）

A. 25%　　B. 50%

C. 75%　　D. 100%

46. 可能会造成推力瓦温度过高的原因有_____。（ABCD）

A. 机组振动

B. 推力瓦的周向偏心值选取不当

C. 推力瓦的热变形和机械变形偏大

D. 润滑油循环不正常和冷却效果不好

47. 可能会引起发电机温度过高的原因有_____。（ABCD）

A. 发电机过负荷运行，超过允许时间

B. 三相电流严重不平衡

C. 发电机的通风冷却系统发生故障

D. 定子绕组部分短路或接地

48. 下列属于机组大修后自动停机试验需要记录并检查的项目有______。（ABCD）

A. 检查自动停机程序是否正确，各自动化元件动作是否正确可靠

B. 记录自发出停机脉冲至机组转速降至制动转速所需时间

C. 检查机械制动装置自动投入是否正确，记录自制动器加闸至机组全停的时间

D. 检查测速装置转速触点动作是否正确，调速器及自动化元件动作是否正确

四、填空题

1. 依据《中国华电集团有限公司水电新能源发电企业技术监督实施细则》的要求，水轮机设备渗漏率应≤0.2‰。

2. 水轮机在合同规定的运行范围内运行，其顶盖、尾水管进人门、冲击式水轮机机壳 1m 处所测得的噪声不应大于 GB/T 15468 规定的 90dB。

3. 机组最大出力试验应在合同规定的功率因数和发电机最大视在功率下进行，最大出力下运行时间不小于4h，自动记录机组各部位温升、振动、摆度、有功和无功功率值，记录接力器行程和导叶开度。

4. 水轮发电机的额定功率因数是额定有功功率与额定视在功率的比值。

5. 根据反击式水轮机转轮水流流经转轮的方向不同，可分为轴流式、混流式、贯流式和斜流式。

6. 当系统负荷发生变化时，可以通过控制水轮机的导叶开度来调节流量，以达到改变水轮发电机出力与系统负荷变化相适应的目的。

7. 水轮发电机的损耗可分为电磁损耗和机械损耗两大类。

8. 快速闸门的作用是机组检修在静水中下落，切断进水口水流。

9. 空蚀破坏主要是化学作用、机械破坏作用、电化作用。

10. 如果机组轴线存在曲线倾斜，主轴在旋转过程中就会产生摆度。

11. 引起水轮机振动的原因有机械力不平衡、水力不平衡、电磁力不平衡三种因素。

12. 水轮机蜗壳常用的有混凝土蜗壳和金属蜗壳两种形式。

13. 水轮发电机按轴的装置方式有立式和卧式两种形式。

14. 混流式水轮机导叶开度是指导叶出口边与相邻导叶叶间的出口边的最大距离。

15. 混流式水轮机尾水管有直锥形、弯管形、弯肘形三种形式。

16. 混流式水轮机的主轴中心孔用于轴心补气。

17. 水轮机的设计水头是指水轮机发出额定出力的最低水头。

18. 水轮机调节的途径是通过改变过机流量来实现的。

19. 水轮机可以在不同工况下运行，其中效率最高的工况称为最优工况。

20. 水轮机主轴密封分为工作密封、检修密封两类。

21. 水轮机的最低水头是指保证水轮机安全稳定运行的最

低水头。

22. 反击式水轮机的能量损失，按其损失产生的原因有水力损失、容积损失、机械损失。

23. 混流式水轮机最主要的空蚀方式是翼型空蚀。

24. 冲击式水轮机是靠水流的动能来做功的。

25. 混流式水轮机的主要过流部件一般为蜗壳、座环、导水机构、转轮及尾水管。

26. 水电站常采用导叶二段关闭规律是为了降低机组在甩负荷时的最大转速上升、最大水锤压力上升。

27. 水轮机转轮的作用是实现水能转换。

28. 水电站厂房桥式起重机的额定起重量一般是根据发电机转子重量来选择的。

五、问答题

1. 运行中减轻水轮机空蚀破坏的措施有哪些?

答：合理拟定电站运行方式，避免产生严重空蚀区域运行，应以运行特性曲线为准，尽量在最优工况运行；采用补气装置，向尾水管内补气，可以破坏尾水管中高真空的水流涡带；采用加长泄水锥，对尾水管涡带进行破坏。

2. 简述中国华电集团有限公司发电机组优化检修的含义。

答：发电机组优化检修是指，在规范开展发电设备维护保养和技术监督的基础上，科学归类发电设备，充分发挥设备点检和精密诊断作用，积极开展设备劣化趋势分析和能效状态评估，结合区域机组运行特点，统筹兼顾成本因素，合理确定设备维修方式、周期，实行融定期检修、状态检修、事后检修、改进性检修为一体的发电机组检修优化模式。

3. 混流式水轮机的结构，按水流流经的路径主要由哪几部分组成？

答：混流式水轮机的结构，按水流流经的路径主要由引水机构、导水机构、转动机构、泄水机构四大部分组成。

4. 引水机构的主要作用是什么？

答：压力钢管引进的水流首先进入水轮机室，主要作用是使引进的水流以尽可能小的水头损失且较均匀地从四周进入水轮机的转轮。

5. 导水机构的主要作用是什么？

答：导水机构的主要作用是调节进入转轮的流量，以适应负荷变化的需要。当发电机负荷减少时，要求水轮机的进入流量相应减少，这时关小导叶开度，减少流量；反之当负荷增大时，打开导叶开度，加大流量。停机时，导叶全部关闭，将水流截断。

6. 座环的作用是什么？

答：座环是水轮机的承重部件。水轮机的轴向推力、发电机的重量及座环上混凝土的重量，均由座环承受。座环是水轮机零部件安装中的重量基准面。座环由上环、下环、固定导叶组成。固定导叶的断面为机翼型，以减少水流阻力。固定导叶的叶片数为活动导叶的1/2。水流通过蜗壳经固定导叶、活动导叶按辐向均匀地进入转轮。

7. 混流式水轮机转轮由哪几部分组成？叶片是什么形状？

答：转轮由叶片、上冠、下环和泄水锥组成，泄水锥装在上冠的中心下方，用来引导水流，避免水流经叶片流出后相互撞击，减少水力损失，提高水轮机效率。转轮叶片安置在上冠和下环之间，按圆周均匀分布。叶片是一个三向的空间扭曲面，上部较直，扭曲较小，而下部扭曲较大。

8. 立式混流式水轮机从作用和安装上划分，由哪几部分组成？

答：埋设部分，包括尾水管里衬、基础环、座环、蜗壳和机坑里衬；转动部分，包括主轴、转轮及其附件；导水机构，包括座环、底环、顶盖、活动导叶、导叶拐臂、双连臂控制环、推拉杆等；水轮机导轴承，包括轴瓦、轴承体等；主轴密封；水轮机附属装置，包括紧急真空破坏阀、尾水管十字补气架或补气管各种测压管路，测温装置、信号装置等。

9. 水轮机安装的基本程序是什么？

答：埋设件的安装；主轴与转轮的组合检查；导水机构的预装配装；水轮机正式安装；与发电机连轴并进行轴线检查、调整；主轴密封、导轴承的安装与调整；附属装置安装；机组的启动试运行。

10. 悬型水轮发电机有何优缺点？

答：优点：机组运转稳定性能好，轴承损耗小，安装维护较方便。

缺点：推力轴承座承受的机组转动部分的质量及全部水推力都落在上机架及定子机座上，由于定子机座直径较大，上机架和定子机座为了承重而消耗的钢材较多，机组轴向长度增加，导致机组和厂房高度增加。

11. 水轮发电机的飞逸转速是指什么？

答：水轮发电机的飞逸转速是指水轮发电机组在最高水头 H_{max} 下带满负荷运行时突然甩去全负荷，又逢调速系统失灵，导水机构位于最大开度下机组可以达到的最高转速。

12. 立式水轮发电机导轴承有何作用？

答： 承受机组转动部分的径向机械不平衡力和电磁不平衡力，使机组轴线在规定数值范围内摆动。

13. 水轮发电机主轴有何作用？

答： 起中间连接作用；承受机组在各种工况下的转矩；立式装置的机组，发电机主轴承受由于推力负荷所引起的拉应力；承受单边磁拉力和转动部分的机械不平衡力；如果发电机主轴与转子轮毂采用热套结构，还要承受径向配合力等。

14. 水轮发电机转子磁轭有何作用？

答： 形成发电机的部分磁路；固定磁极；产生飞轮力矩 GD^2；在机组运行中，承受扭矩、离心力以及热打键引起的配合力等。

15. 大、中型水轮发电机转子制动环有哪几种结构形式？

答： 大、中型水轮发电机的转子制动环主要有 4 种形式：第 1 种是用磁轭下压板兼作制动环并通过拉紧螺杆固定在磁轭上；第 2 种具有凸台的制动环结构，通过制动环的凹槽用拉紧螺杆固定在磁轭的下压板上；第 3 种是用螺栓将制动环固定在磁轭下压板上；第 4 种是用 T 型压板将制动环固定在磁轭下压板上。

16. 一个性能良好的导轴承的主要标志是什么？

答： 能形成足够的工作油膜厚度；瓦温应在允许范围之内，循环油路畅通，冷却效果好，油槽油面和轴瓦间隙满足设计要求，密封结构合理，不甩油，结构简单，便于安装和检修。

17. 水轮发电机电气方面不平衡力主要有哪些？

答： 电气方面不平衡力主要有：

（1）不均衡的间隙造成的磁拉力不均衡。

（2）发电机转子绕组间短路后，造成不均衡磁拉力增大。

（3）三相负荷不平衡产生负序电流和负序磁场，形成交变应力和转子表面电流。

18. 轴电流产生的原因是什么？

答：不论是立式还是卧式的水轮发电机，其主轴不可避免地处在不对称的磁场中旋转。这种不对称磁场通常是由于定子铁芯合缝、定子硅铁片接缝、定子和转子空气间隙不均匀、轴心与磁场中心不一致，以及励磁绕组间短路等各种因素所造成的。当主轴旋转时，总是被这种不对称磁场中的交变磁通所交链，从而在主轴中产生感应电动势，并通过主轴、轴承、机座而接地，形成环行短路轴电流。

19. 轴电流有什么危害？

答：由于电流通过主轴、轴承、机座而接地，从而在轴领和轴瓦之间产生小电弧的侵蚀作用，破坏油膜使轴承合金逐渐粘吸到轴领上去，破坏轴瓦的良好工作面，引起轴承过热，甚至把轴承合金熔化。此外，由于电流的长期电解作用，也会使润滑油变质发黑，降低润滑性能，使轴承温度升高。

20. 水轮机主轴密封分哪几类？各有哪些结构形式？

答：水轮机主轴密封有两大类，一类是运行密封，一般称主轴密封，其结构形式有盘根密封、橡胶平板密封、端面密封、径向密封和水泵密封；另一类是检修密封，其结构形式有机械式、围带式、抬机式密封。

21. 开度限制机构的作用是什么？

答：开度限制机构用来操作开机、停机和控制导叶开度，实现手动运行。

22. 现代大、中型水轮机基本类型有哪些?

答: 现代水轮机分为反击型和冲击型两大类。反击型水轮机包括混流式、轴流式、斜流式、贯流式和可逆式，冲击型水轮机主要应用水斗式。

23. 进入水轮机内工作，应采取哪些安全措施?

答: 严密关闭进水闸门，排除输水管内积水，并保持钢管排水阀和蜗壳排水阀全部开启，做好彻底隔离水源措施，防止突然来水；放下尾水门，做好堵漏工作；尾水管水位应保证在工作点以下；做好防止导水叶转动的措施；切断水导轴承润滑水和调相充气气源。

24. 水轮机顶盖的作用是什么?

答: 水轮机顶盖的作用是与底环一起构成过流通道，防止水流上溢；支撑导叶、传动机构及有些机组的操纵机构；支撑导轴承及其他附属装置。有些伞型机组的顶盖还要承受、传递推力负荷。

25. 水轮机导水机构的作用是什么?

答: 水轮机导水机构的作用是使进入转轮前的水流形成旋转，并可改变水流的入射角度，当发电机负荷发生变化时，用它来调节流量，在正常和事故停机时，用来截断水流。

26. 混流式水轮机转轮上冠的主要作用是什么?

答: 上部连接水轮机主轴，下部支撑叶片并与下环一起构成过流通道，上冠的型线变化（指设计）可对水轮机的过流量产生影响。

27. 水轮机主轴密封的作用是什么?

答: 水轮机主轴密封的作用是有效地阻挡水流从主轴与顶盖之间的间隙上溢，防止水轮机导轴承及顶盖被淹，维持轴承和机组的正常运行。

28. 冲击式和反击式水轮机在能量转换上有何区别？

答：反击式水轮机是利用叶片与水流的作用与反作用原理工作的。在工作时，转轮被充满水，利用水流的压能为主，利用水流的动能为辅，即反击式水轮机能量转换，主要是水力势能的转换。冲击式水轮机在工作时，水流充满整个转轮且处于大气压力之下，几乎全部利用水流的动能，即将射流的冲击动能通过叶轮转换为转轮的机械能。

29. 泄水锥（混流式水轮机转轮）的主要作用是什么？

答：引导经叶片流道流出的水流迅速而顺畅地向下流动，防止水流相互撞击，以减少水力损失，提高水轮机效率。

30. 导叶接力器采用两段关闭的作用是什么？

答：增设两段关闭装置，不仅能更好地解决压力上升和速度上升问题，对尾水管的负水锤及轴流式水轮机的转子上抬现象等，也都有明显的改善作用。

31. 水轮机过流部件的主要作用是什么？

答：水轮机过流部件包括四个基本部件：引水部件、导水部件、工作部件和泄水部件。各部件的作用为：引水部件，引导并集中水流注入转轮；导水部件，使水流具有所需的速度、力向和大小；工作部件，把水能转换为转动机械的能量；泄水部件，将水流引向下游并回收利用余能。

32. 真空破坏阀的作用是什么？

答：当导水机构关闭时，由于水流的继续流动，在导叶后转轮室内可能发生断流，引起真空，接着下游尾水反冲，产生很大的冲击力或出现抬机现象。这时，真空破坏阀就补入空气，破坏真空，以减少冲击力或抬机现象。

33. 水轮发电机组机械振动主要是由哪些原因引起的?

答：引起水轮发电机组机械振动的原因有：发电机转子的静、动不平衡，转子（或转动部分）的重心不在机组旋转中心线上；机组转动部分的总轴向力不通过推力轴承中心；主轴与导轴承的干摩擦、半干摩擦；机组轴线不合格或调整不当；导轴承结构刚度不够，抗重螺栓松动或轴承间隙调整不合理；水轮机转轮与止漏环碰撞、转子与定子碰撞；共振。

34. 水轮机补气装置的作用是什么?

答：混流式水轮机偏离最优工况运行时，由于水流扰动，不同程度地存在压力脉动，一般在 40%～70%额定出力时，尾水管内出现涡带。由于涡带强烈扰动，或其频率与机组固有频率重合而产生共振，将引起机组振动或负荷摆动。出现这种不稳定工况时，补气装置补入空气，借以吸振及降低旋涡强度，改善机组的运行状态。

35. 水电厂为什么要进行水力机组稳定性试验?

答：探讨水力机组的振动特点，分析水轮发电机组的振动规律，鉴定机组各种工况下稳定性性能及其达到的稳定水平；检验机组设计、制造、安装、检修质量；分析各种工况下不平衡惯性力、磁力、水力作用对机组稳定性的影响及其他不利于稳定运行的因素；为水电厂机组稳定运行分析和管理提供测试数据和可靠资料。

36. 当导水机构全关后机组长时间不能降低转速是何原因?

答：主要原因有：导水机构导叶立面间隙和端面间隙严重损坏；导水机构的安全装置剪断销破断，使导叶不能完全切断水流。

37. 造成主轴与镜板摩擦面不垂直的原因主要有哪些方面?

答:（1）当推力头底面与主轴垂直时，若推力头与镜板之间的绝缘垫厚度不均匀，或因运行时间过长造成绝缘垫在厚度方向发生变形，都会使主轴与镜板摩擦面不垂直，从而造成轴线倾斜，这是最主要的原因。

（2）当绝缘垫的厚度均匀时，若卡环厚度不均匀，但推力头与主轴配合较松，也会造成推力头底面与主轴不垂直，则镜板摩擦面与主轴不垂直，从而引起轴线倾斜。

（3）若推力头平面加工不良，会造成推力头底面与主轴不垂直，使轴线产生倾斜。

（4）因镜板太薄，受力后产生弹性变形，或镜板加工不良，使摩擦面与背面不平行，使得主轴的轴线发生倾斜。

（5）主轴变形。主轴因运输、检修或运行中外部冲击力影响造成的变形，而引起主轴和镜板不垂直。

（6）主轴加工精度不符合要求。

38. 发电机转子圆度不合格通常有哪几种情况?应如何处理?

答:个别磁极较明显凸出，造成该磁极处转子圆度不合格。处理时可检查一下该磁极铁芯与转子磁轭的接触情况，若尚有间隙，可通过再打紧磁极键的方法使磁极向里移位；若有间隙而磁极键又打不进去，可考虑用减薄磁极绕组绝缘垫厚度的办法处理。转子的圆度存在局部凹陷，即连续几个磁极处转子半径均偏小，可考虑打紧该部磁轭键，使局部磁轭外张。个别磁极明显凹入，造成该处转子圆度不合格时，可减薄磁极键的径向厚度，并在磁极背面加垫，使磁极外移。

39. 扩大性大修中，为什么要进行机组中心测定？机组中心测定的目的是什么？

答：机组经过长时间的运行后，不但旋转部分的轴线可能因安装质量及外力的因素而发生变化，即使是固定部件，因为安装质量及外力的干扰，其圆度和中心也会发生变化。因此，在水力机组的第一次扩大性大修中，一定要对机组的中心进行测定。在以后的扩大性大修中，机组的中心是否需要测定，要视具体情况而定。

检修中机组中心测定的目的是：检查机组安装中机组中心测量、调整的准确程度；检查机组通过较长时间运行后，其中心的变化情况，并找出变化的原因；检查各固定部件的同心度和椭圆度。

40. 发电机转子起吊前要做哪些准备工作？

答：（1）发电机空气间隙的测定。通常应在各磁极的圆弧中心处进行测量，在磁极较多的情况下，也可以每隔一个磁极测一处间隙。对于大、中型的水力机组，通常要在转子的上部和下部分别进行测量。

（2）连接件的解体拆卸。将转子顶起并落在经加垫、找平的制动风闸上；分解吊走位于转子上方的有关部件；分解有关的轴承；将发电机与水轮机的主轴法兰分解，使发电机转动部分与水轮机转动部分分开。

（3）起重设备的检修。检修的重点是行走机构和提升机构的制动闸、齿轮、轴承、钢丝绳和螺栓等，检查后要进行荷重试验。对于用两台桥吊并车操作的，要做并车试验，检查两台桥吊的起落、行走及停止是否同步。检查吊具是否正常。

41. 摆度对机组的运行会产生哪些影响？

答：轴线的倾斜使机组的重心发生变化，导致机组转动部分的离心惯性力增大，在推力轴承处产生周期性变化的负载，从而引起机组振动；机组运行中，由于它存在摆度，会使导轴承的间隙不断变化，工作条件恶化，瓦温升高，可能导致烧瓦；过大的摆度，会加速固定部分与转动部分配合处的磨损，严重时还可能引起碰撞或密封处泄漏，从而影响机组的正常运行。

42. 水轮机调节的基本任务是什么？

答：按照用户负荷变化引起的机组转速（或频率）变化，调节进入水轮机的流量（即水能），从而改变发电机输出的有功功率（即电能），适应用户负荷变化的要求，以达到随时维持发电与用电的电力平衡，确保供电频率为 50Hz 及其偏差不超过容许范围。

43. 水轮发电机组的稳定性试验一般包括哪些试验工况？

答：变转速试验、变励磁试验、变负荷试验、甩负荷。

44. 引起机组振动的因素主要有哪几个方面？

答：引起机组振动的因素主要有以下几个方面：

（1）机械方面。主轴弯曲、推力头调整不良、间隙大、法兰接不紧、机组中心不对、转轮碰擦、转子不平衡。

（2）水力方面。转轮设计不当、叶片开口不对、导叶开口不对、迷宫环间隙不均、叶尾厚度影响、气蚀影响、尾水管涡带影响等。

（3）电气方面。磁极不正常、相位不平衡、空气隙、负序电流等影响。

45. 空蚀对水轮机的主要影响有哪些？

答：（1）空蚀直接破坏水轮机的过流部件。

（2）流动特性的改变。由于空蚀的发生，叶片受力情况变坏，损失增加，水力矩减少，机组的出力下降。

（3）水轮机在空蚀区运行时，可引起机组振动、摆度和噪声增大，或出力摆动，使机组运行不稳定。

（4）空蚀缩短了机组检修周期，延长了机组检修工期，不仅减少了年发电量，而且增加了电力系统备用容量。空蚀检修还耗用了大量的贵重金属材料及人力。

46. 什么叫水轮机抬机？有什么后果？

答：水轮机在甩去负荷时，尾水管内出现真空形成反水锤，同时水轮机进入水泵工况产生的水泵升力，应由此产生反向轴向力，只要反向轴向力大于机组转动部分的总重量，就会使机组转动部分被抬起一定高度，此现象称为水轮机抬机。抬机高度往往由转轮与支持盖之间的间隙所限。当发生严重抬机时，它会导致水轮机叶片的断裂、顶盖损坏等；也会导致发电机碳刷和集电环的损坏，发电机转子风扇损坏而甩出，引发发电机烧损的恶性事故等。

47. 简述发生水轮机抬机事故的原因及运行中怎样防止抬机。

答：原因包括：

（1）当水轮机进入水力制动工况或水泵工况，向上的轴向水推力大于机组转动部分的总重量时，将发生抬机事故。

（2）当尾水管出现反水锤现象，作用于转轮出口处的瞬时总水压大于机组转动部分的总重量时，将发生抬机事故。

控制措施如下：

（1）在机组甩负荷过程中发生抬机事故时，选择合理的导水机构关闭规律，通过良好的真空补气阀向转轮区域大量通入空气。

（2）由空载工况转调相运行发生抬机事故时，向转轮区域补气。

（3）从机组结构上考虑，安装防止机组转动部分上抬的反推力轴承。

48. 防止或减轻水锤危害的措施有哪些？

答：常用防止或减轻水锤危害的措施有以下几种：

（1）尽量缩短管道长度。

（2）增加阀门启闭的时间。

（3）增大管道直径。它使管中流速降低，从而使水锤产生时相应的水锤压力数值减小。

（4）在管道上装设安全阀。当管中压力升高的数值超过许可的数值时，安全阀开启，放掉一部分液体，使管内压力不致升高过大。

49. 水轮机运行中哪些情况下应立即停机处理？

答：水轮机运行中遇有下列情况之一者，应立即停机处理：

（1）水轮机运转声音异常，并经处理无效。

（2）水轮机某轴承温度超过规定报警温度。

（3）水轮机重要部件损坏。

（4）机组振动、摆度超过允许值，并经处理无效。

（5）其他有危及人身、设备安全等情况。

50. 机组在停机过程中制动系统发生故障不能制动时，怎么处理？

答：应将导叶开至“空转”，使机组继续运行，待制动系统正常后再停机。

51. 导叶密封不严密有何危害？

答：导叶密封不严密会增大漏水。其危害是加剧由于间隙气蚀引起的破坏作用，对经常处于停机状态的调峰负荷机组造成较大的水能损失。漏水严重时可能会导致停机困难或停机后使机组蠕动惰转，而且在机组调相运行时，还会使用气量增加。

52. 水导轴承温度升高如何处理？

答：（1）核对确认并检查水导轴承温度上升情况，确认测温装置故障或误动，设法解除回路，通知检修人员处理。

（2）检查故障水导轴承油位、油色、油流，发生油流气阻应及时处理，必要时进行油质化验。

（3）检查水导轴承冷却水压、流量，如不正常应及时调整，遇水管堵塞应停机处理。

（4）测量水导轴承摆度，判断轴承内部异常情况。

（5）水导轴承温度继续急剧上升，应紧急停机处理。

53. 发生主轴密封水压异常如何处理？

答：（1）检查水轮机主轴密封水压。

（2）如有备用水应切换到备用一路供水，无备用水应调节阀门检查供水系统是否正常。

（3）水压过低应检查过滤器是否堵塞，有备用水的应切换到备用水一路运行，然后清扫过滤器。

（4）同时应检查水轮机主轴密封漏水情况，如漏水增大，应维持顶盖水位正常。

54. 水轮机顶盖水位升高如何处理？

答：（1）检查排水泵排水情况，如排水泵未启动抽水，应检查原因，设法启动排水泵。

（2）检查自流排水孔是否畅通，如有堵塞，应清理排水口。

（3）应检查各处漏水量是否增大，如水轮机主轴密封部分漏水较大，应及时调整密封水压，调整机组有功功率和无功功率，使顶盖水压最低。

（4）若漏水过大，处理无效且水位还在上升，应联系停机处理。

55. 水导轴承油冷却器冷却水中断或水压降低如何处理?

答：（1）有备用水的应立即投入备用水，并检查阀门、止回阀是否损坏。

（2）应设法调整冷却水压，检查轴承温度使轴承温度在正常范围之内。

（3）检查水轮机导轴承水过滤器，如有堵塞现象应及时处理。

56. 导叶为什么要有压紧行程?

答：当导叶全关后，接力器活塞仍能向关闭侧移动的移动量称为导叶的压紧行程；当导叶关闭时，由于来自蜗壳的水压力、连杆变形、各销轴的间隙等因素的影响，导叶有向开侧运动的趋势，为避免由此而引起的漏水，故要有压紧行程。

57. 简述水电厂水轮机事故停机和紧急事故停机执行过程，两者之间有什么不同。

答：水电厂水轮机事故停机动作后首先需快速关闭导水叶和跳闸发电机出口断路器卸载机组有功，然后跳闸机组励磁系统灭磁开关快速卸载机组无功，最后进入正常停机流程；而紧急事故停机除此之外，还要动作机组进水口事故快速门下落。

58. 水轮发电机组导轴承的油位在运行中为什么会升高或降低?

答：轴承油槽油位升高的原因可能是：油冷却器破裂渗漏水进入油槽。鉴别办法是将油槽底部的油排出，可能放出水来，若经化验证明无水，则可能是推力轴承油槽排油阀不严，油漏入上导轴承油槽内，因推力轴承油槽内油量多，不容易发现油位降低，但上导轴承油槽油量少，油位上升快，容易发现。如果在 10～20 天内油位下降 2～3cm，则可能是油槽排油系统控制阀关闭不严造成的。

59. 水轮发电机组的推力轴承温度升高后如何处理？

答：（1）检查机组是否运行于振动区，应避免机组在振动区内长时间运行。

（2）检查推力油盆的油色、油位，以判断油质是否合格。

（3）检查机组冷却水的流量和水压是否符合要求。

（4）把同一轴承上不同表计所测的温度进行比较，以判断温度是否确实升高。

（5）适当提高冷却水压。

（6）若轴承温度还不下降，可降低机组出力，必要时可停机处理。

60. 某水电厂机组并网运行中，计算机监控系统上位机发“剪断销剪断”“事故 PLC 机组剪断销剪断”报警信号，现场运行人员发现该机组发出异常较大声响及剧烈振动。随即该运行人员立即按下机组现地 LCU 紧急停机按钮，机组启动紧急事故停机流程，机组停机。

问题 1：简述剪断销被剪断的原因有哪些。

问题 2：分析可能造成机组异常声响、剧烈振动的原因。

答 1：剪断销被剪断的原因如下：

（1）导叶间有杂物（如木块）卡住。

（2）导叶连杆安装时倾斜度较大，造成蹩劲。

（3）导叶上、下端面间隙不合格及上、中、下轴套安装不当，产生蹩劲或被卡。

（4）对使用尼龙轴承套的导叶，在运行中因尼龙轴套吸水膨胀与导叶轴颈“抱死”。

（5）使用时间较长或操作频繁，使剪断销产生疲劳破损等。

答2：可能造成机组振动的原因如下：

（1）机械振动。发电机和水轮机机械不平衡、主轴不垂直、导轴承轴瓦间隙调整不当。

（2）电磁振动。如空气间隙不均匀、磁极短路、定子铁芯松动、三相电流不平衡等。

（3）水力振动。水力机械不平衡、气蚀、剪断销剪断、调速机构工作不良。

61. 某水电厂1号机组扩大性检修完成后，在首次启动试运行时检查发电机空气冷却器，发现有部分空气冷却器冷风侧温度偏高，分析可能存在的原因及处理措施。

答：（1）检查确认各空气冷却器温度是否有明显偏差，测温元件、压力表计是否正常。

（2）检查该空气冷却器供、排水阀门是否全开及是否有漏水现象，如供、排水阀未打开则将阀门打开至全开，如有漏水现象则停机进行处理。

（3）检查供、排水压力是否有所下降，如有则调整水压、流量至正常。

（4）检查该空气冷却器是否有集气现象，如有则打开排气阀门或堵头进行排气。

第二章

调　速　器

一、判断题

1. 按照 DL/T 507《水轮发电机组启动试验规程》的要求，机组启动试运行前调速器检查时可采用紧急关闭方法初步检查导水叶全开到全关所需时间，关闭时间应符合设计要求。（√）

2. 按照 DL/T 507《水轮发电机组启动试验规程》的要求，机组甩负荷试验应分别在额定负荷的 25%、50%、75%和 100%下进行。（√）

3. 甩负荷试验就是检验机组甩负荷时，机组及其调速系统的动作是否正常，瞬时压力变化和转速变化是否符合规定的试验。（√）

4. 当机组甩去全部负荷，水轮机轴端负荷力矩为 0 时的最高转速称为飞逸转速。（√）

5. 按照 DL/T 563《水轮机电液调节系统及装置技术规程》的要求，调速器空载扰动试验时，转速最大超调量不应超过扰动量的 30%。（√）

6. 按照 DL/T 563《水轮机电液调节系统及装置技术规程》

的要求，调速器空载扰动试验时，对于大型调速器不应超过额定转速的±0.25%。（×）

7. 依据DL/T 563《水轮机电液调节系统及装置技术规程》的规定，甩100%额定负荷后，在转速变化过程中超过稳态转速3%以上的波峰不应超过两次。（√）

8. 依据DL/T 563《水轮机电液调节系统及装置技术规程》的规定，机组甩25%额定负荷后，微机调速器接力器不动时间应不大于0.3s。（×）

9. 对于转桨式水轮机组甩负荷后，应检查调速系统的协联关系和分段关闭的正确性。（√）

10. 转速死区称为不灵敏度。（×）

11. 依据DL/T 563《水轮机电液调节系统及装置技术规程》的定义，转速死区的一半称为不灵敏度。（√）

12. 依据DL/T 563《水轮机电液调节系统及装置技术规程》的规定，稳定状态下，电液调节装置手动、自动切换时，接力器的行程变化不得超过全行程的3%。（×）

13. 调速器一般具有对机组的一次调频功能。（√）

14. 导水机构的接力器可不设置机械锁锭装置。（×）

15. 依据DL/T 1245《水轮机调节系统并网运行技术导则》的规定，水轮机调节系统频率测量分辨率，对于大型及重要电站的机组应小于0.005Hz。（×）

16. 依据DL/T 1245《水轮机调节系统并网运行技术导则》的规定，水轮机调节系统频率测量分辨率，对于中小型机组应小于0.005Hz。（√）

17. 依据DL/T 1245《水轮机调节系统并网运行技术导则》的规定，水轮机调节系统可以不具有孤网自动识别能力。（×）

18. 依据 DL/T 1245《水轮机调节系统并网运行技术导则》的规定，水轮机调节系统应具有人工水头和自动水头双重输入的功能，根据水头信号自动调整启动开度（加速开度）、空载开度限制、负载开度限制等。（√）

19. 依据 DL/T 1245《水轮机调节系统并网运行技术导则》的规定，水轮机调节系统一次调频人工频率/转速死区的设置，应不大于 0.1Hz。（×）

20. 依据 DL/T 1245《水轮机调节系统并网运行技术导则》的规定，运行期间对水轮机调节系统一次调频，在频差超出机组一次调频死区的 45s 内，一次调频合格率 G_{Hi} 不小于 50%。（√）

21. 依据 DL/T 1245《水轮机调节系统并网运行技术导则》的规定，运行期间对水轮机调节系统一次调频，从频差超出机组一次调频死区开始，至该机组本次一次调频调节过程结束，一次调频合格率 G_{Hi} 不小于 30%。（√）

22. 依据 DL/T 1245《水轮机调节系统并网运行技术导则》的规定，运行期间水轮机调节系统一次调频月度投入率不低于 90%。（√）

23. 依据 DL/T 1245《水轮机调节系统并网运行技术导则》的规定，运行期间水轮机调节系统一次调频月度正确动作率不低于 90%。（√）

24. 依据 DL/T 1245《水轮机调节系统并网运行技术导则》的规定，在开度调节运行方式下，水轮机调节系统应能接受监控系统的脉冲信号进行开度增减，从而实现负荷的增减，还应具备通过监控系统单步功率调整的功能。（√）

25. 依据 DL/T 1245《水轮机调节系统并网运行技术导则》

的规定，水轮机调节系统应与机组监控系统协调配合，具有稳定的负荷调节能力，保证机组的 AGC 性能满足。从调度机构下达 AGC 命令起，至机组开始负荷调节时的响应时间不大于 60s。（×）

26. 依据 DL/T 1245《水轮机调节系统并网运行技术导则》的规定，水轮机调节系统应与机组监控系统协调配合，具有稳定的负荷调节能力，保证机组的 AGC 性能满足。AGC 负荷调节量不小于 25%额定负荷时，调节过程中每分钟的平均负荷调节量（即负荷调节速率〉应不小于 25%额定负荷。（×）

27. 依据 DL/T 1245《水轮机调节系统并网运行技术导则》的规定，水轮机调节系统应能保证机组在单机带负荷、孤立运行工况下的稳定运行，不出现大范围的波动；频率变化衰减度（与起始偏差符号相同的第二个转速偏差峰值与起始偏差峰值之比）应不大于 50%。（×）

28. 依据 DL/T 1245《水轮机调节系统并网运行技术导则》的规定，当机组与大电网解列或部分线路跳开（但发电机出口断路器依然闭合）或带孤立负荷运行时，水轮机调节系统应能自行切至孤立运行模式。（√）

29. 空载扰动试验所选出的调节系数主要是满足机组空载运行的稳定性。（√）

30. 水轮机调节系统静特性曲线也叫机组静特性曲线。（√）

31. 机组启动试运行前调速系统及其设备应调试合格。油压装置压力、油位正常，透平油化验合格。各部表计、阀门、自动化元件均已整定符合要求。（√）

32. 机组启动试验前，应对调速器自动操作系统进行模拟

操作试验，检查自动开机、停机和事故停机各部件动作的准确性和可靠性。（√）

33. 调速器应能诊断增减负荷故障，拒绝执行错误指令，防止机组有功功率越限运行。（√）

34. 开度限制机构的作用是用来限制导叶开度，并列运行时限制机组出力的。（√）

35. 测接力器不动时间应在甩 25%额定负荷时进行，因为甩去的负荷值越小，接力器不动时间越短。（×）

36. 百分表是检查和测量零件的几何形状和相对位置偏差的精密量具。（√）

37. 依据 DL/T 563《水轮机电液调节系统及装置技术规程》的规定，调速器油压装置在正常工作油压上限，油、气接触式压力罐内油和空气体积比通常为 1/3～1/2。（√）

38. 对于调速器油压装置，在油压高于工作油压上限的10%以前，安全阀应全部开启，并使压力罐中油压不再升高。

（√）

39. 水轮机导轴承油位升高的原因之一是轴承内冷却水管漏水。（√）

40. 机组启动试运行前调速系统及其设备应调试合格。油压装置压力、油位正常，透平油化验合格。（√）

41. 油压装置各压力信号器整定值的动作偏差，应为整定值的－2%～＋2%。（√）

42. 当油压低于正常工作油压下限的 3%～5%时，备用油泵应启动；当油压继续降低至事故低油压时，作用于快速事故停机的压力信号器应立即动作。（×）

43. 压力容器的油压和油位均在正常工作范围内时，关闭

所有阀门，8h 后油压下降不得大于额定油压的 4%。（√）

44. 水轮机调速器既可调节机组的频率，又可调节机组的电压。（×）

45. 做水轮机静特性试验信号源必须是按一个方向递增或递减的。（√）

46. 调速器应设置两套交直流电源装置，互为备用，故障时自动转换并发出故障信号。（√）

47. 带有压力罐的调速器应装设紧急停机装置，并动作可靠。（√）

48. 调速系统压油装置的正常运行是机组安全运行的必要条件。（√）

49. 大型调速器的容量可以以主配压阀的直径来表征。（√）

50. 调速器的步进电动机也是一种电液转换器。（√）

51. 电磁阀是自动控制系统中重要的执行元件之一。（√）

52. 机械式测速装置，在经过超速试验后不得出现变形和裂纹等不正常现象。（√）

53. 事故配压阀主要是防止机组飞逸。（√）

54. 水轮机调节的任务是保持机组转速绝对不变。（×）

55. 机组二级过速保护应装设机械和电气两种信号源的转速信号器。（√）

56. 为防止在机组甩负荷而调速器又失灵时发生飞逸事故，应装设过速限制器。过速限制器动作时启动紧急事故停机流程。（√）

57. 主配压阀实际最大工作行程与设计行程之比应大

于 0.5。 （√）

58. 依据 DL/T 563《水轮机电液调节系统及装置技术规程》的规定，油压装置内的正常工作油压变化范围应在工作油压的±5%以内。 （√）

59. 依据 DL/T 563《水轮机电液调节系统及装置技术规程》的规定，油压装置内的各压力信号器动作油压值与整定值偏差不应超过整定值的±2%。 （√）

60. 水轮机导水机构的接力器可不设置机械锁锭装置。 （×）

二、单选题

1. 甩负荷过程是指带负荷的机组突然从电网脱离，随后在自动调节系统的控制下机组转为______的过程。（B）

A. 带小负荷运行　　B. 空转运行

C. 停机　　D. 恢复并网运行

2. 接力器分解组装后，做耐压试验，按______倍工作压力保持 30min，整个试验过程无渗漏。（B）

A. 1.1　　B. 1.25

C. 1.3　　D. 1.5

3. 调速器主要由______、放大、执行、反馈等元件组成。（A）

A. 测量　　B. 主配压阀

C. 缓存器　　D. 飞摆

4. 依据 DL/T 1245《水轮机调节系统并网运行技术导则》的规定，水轮机调节系统应与机组监控系统协调配合，具有稳定的负荷调节能力，保证机组的 AGC 性能满足以下要求：

AGC 负荷调节量不小于 25%额定负荷时，调节过程中每分钟的平均负荷调节量（即负荷调节速率）应不小于______额定负荷。（B）

A. 25%　　B. 50%

C. 75%　　D. 80%

5. 依据 DL/T 1245《水轮机调节系统并网运行技术导则》的规定，水轮机调节系统应与机组监控系统协调配合，具有稳定的负荷调节能力，保证机组的 AGC 性能满足以下要求：从调度机构下 AGC 命令起，至机组开始负荷调节时的回应时间不大于______。（A）

A. 10s　　B. 15s

C. 20s　　D. 30s

6. 依据 DL/T 1245《水轮机调节系统并网运行技术导则》的规定，在功率给定或开度给定恒定时，机组实际有功功率或开度与给定值的偏差应为______。（A）

A. ±1%　　B. ±2%

C. ±3%　　D. ±5%

7. 依据 DL/T 1245《水轮机调节系统并网运行技术导则》的规定，运行期间对水轮机调节系统一次调频性能的月度正确动作率不低于______。（C）

A. 70%　　B. 80%

C. 90%　　D. 100%

8. 依据 DL/T 1245《水轮机调节系统并网运行技术导则》的规定，油压装置各压力信号器整定值的动作偏差，应为整定值的______。（B）

A. ±1%　　B. ±2%

C. ±3%　　D. ±4%

9. 依据 DL/T 1245《水轮机调节系统并网运行技术导则》的规定，导叶分段关闭装置最小动作压力宜不大于_____。（A）

A. 1.7MPa　　B. 2.0MPa

C. 2.5MPa　　D. 3.0MPa

10. 依据 DL/T 1245《水轮机调节系统并网运行技术导则》的规定，导叶分段关闭装置动作延迟时间应小于_____。（C）

A. 0.1s　　B. 0.2s

C. 0.3s　　D. 0.4s

11. 依据 DL/T 1245《水轮机调节系统并网运行技术导则》的规定，水轮机调节系统油压装置事故配压阀最小动作压力宜不大于_____。（A）

A. 1.7MPa　　B. 2.0MPa

C. 2.5MPa　　D. 3.0MPa

12. 依据 DL/T 1245《水轮机调节系统并网运行技术导则》的规定，水轮机调节系统油压装置事故配压阀动作延迟时间应小于_____。（D）

A. 0.2s　　B. 0.3s

C. 0.4s　　D. 0.5s

13. 依据 DL/T 507《水轮发电机组启动试验规程》的规定，调速器空载扰动试验，超调次数不超过_____次。（B）

A. 1　　B. 2

C. 3　　D. 4

14. 依据 DL/T 563《水轮机电液调节系统及装置技术规程》的规定，对于混流式机组大型调速器，机组转速相对摆动值不应超过额定转速的_____。（B）

A. ±0.10%　　B. ±0.15%

C. ±0.20%　　D. ±0.25%

15. 依据 DL/T 507《水轮发电机组启动试验规程》的规定，以下______不是调速器空载自动运行下应进行的试验。（D）

A. 机组空转下的自动控制通道切换试验，各自动控制通道切换应平稳

B. 频率调节试验，检查调节稳定性

C. 调速器故障模拟试验，应能按设计要求动作，在大故障模拟试验时，可断开停机出口回路，以避免不必要的停机

D. 调速器静态特性试验

16. 依据 DL/T 563《水轮机电液调节系统及装置技术规程》的规定，甩 100%额定负荷后，在转速变化过程中超过稳态转速 3%以上的波峰不应超过______次。（B）

A. 1　　B. 2

C. 3　　D. 4

17. 水轮机接力器分段关闭时间整定的目的是满足______的要求。（B）

A. 事故停机　　B. 调保计算

C. 机组不飞逸　　D. 快速停机

18. 导叶实际开度与开度限制指针重合时，应______。（C）

A. 减少开度限制，使之不重合

B. 增加转速调整（频率给定）

C. 调整实际开度，使之小于开度限制 2%～3%以下

D. 不调整

19. 实现水轮机调节的途径是改变______。（A）

A. 过机流量　　B. 机组转速

C. 机组效率　　D. 工作水头

20. 调速器静态特性曲线的斜率称为_____。（A）

A. 永态转差系数 b_p　　B. 局部反馈系数 α

C. 机组调差率 e_p　　D. 调差系数 δ

21. 构成微机监控系统的基础装置中，承担着机组转速和有功功率调节任务的是_____。（C）

A. 微机保护装置　　B. 微机同期装置

C. 微机调速器　　D. 微机直流电源

22. 调速器的机组调差率 e_p 值既取决于调差机构的整定，又取决于机组的_____。（B）

A. 运行流量　　B. 运行水头

C. 运行转速　　D. 机组容量

23. 调速器中，反馈机构（回路）是_____。（B）

A. 自动控制机构　　B. 自动调节机构

C. 自动监控机构　　D. 测速装置

24. 机组并入系统后，自调节能力增强，为提高调速器速动性，增减负荷迅速，一般将_____切除。（B）

A. 永态反馈　　B. 瞬时反馈

C. 局部反馈　　D. 开度限制

25. 调速器永态转差系数 b_p 值一般是_____。（A）

A. 0～8%　　B. 1%～5%

C. 5%～10%　　D. 5%～20%

26. 实测调速器静特性曲线在转速上升和下降时不是一条曲线而是两条曲线，往返两条曲线之间的部分称为_____。（D）

A. 非线性度　　B. 线性度

C. 不平衡度　　D. 转速死区

27. 水轮机调节的主要任务是______。(C)

A. 电压调节　　B. 电流调节

C. 频率调节　　D. 功率调节

28. 调速器中，变速机构是______。(A)

A. 自动控制机构　　B. 自动调节机构

C. 自动监视机构　　D. 自动指示机构

29. 调速器配压阀的遮程与漏油量的关系是______。(B)

A. 遮程增加，漏油量增加

B. 遮程增加，漏油量减少

C. 遮程增加，漏油量不变

D. 以上都不对

30. 调速器配压阀的遮程与死区的关系是______。(A)

A. 遮程增加，死区增加　　B. 遮程增加，死区减少

C. 遮程增加，死区不变　　D. 以上都不对

31. 调速器充油试验的主要目的是______。(C)

A. 排出管路和阀门里的压力油

B. 排出管路和阀门里的水

C. 排出管路和阀门里的空气

D. 以上都是

32. 调整机组导叶关闭规律，机组甩负荷时，转速上升率和水压上升率的关系是______。(B)

A. 转速上升率越大，水压上升率越大

B. 转速上升率越大，水压上升率越小

C. 转速上升率越大，水压上升率不变

D. 两者关系无法确定

33. 甩负荷时机组转速______。(A)

A. 升高　　　　　　　　　　　　B. 降低

C. 不变　　　　　　　　　　　　D. 到零

34. 水电站采用导叶二段关闭规律，是为了降低机组在甩负荷时的______。（A）

A. 最大转速上升、最大水锤压力上升

B. 减少频率上升的超调量出现的次数

C. 降低尾水管真空度

D. 减少高频振荡和振动

35. 当调节时间 T_s 一定时，对于高水头水电站，导叶（阀门）的关闭规律宜采用______。（B）

A. 先快后慢　　　　　　　　　　B. 先慢后快

C. 直线规律关闭　　　　　　　　D. 与关闭规律无关

36. 调速系统中漏油箱的作用是______。（A）

A. 收集调速系统的漏油，并向油压装置的集油槽输送

B. 给调速系统提供压力油

C. 收集调速系统的回油，并箱油压装置的压油槽输送

D. 放置油品的油槽

37. 水轮机调速系统中，由原来的平衡状态过渡到新的平衡状态的过程称为______。（C）

A. 平衡过程　　　　　　　　　　B. 不平衡过程

C. 过渡过程　　　　　　　　　　D. 非稳定过程

38. 对水轮机调节系统危害最大的水锤是______。（A）

A. 直接水锤　　　　　　　　　　B. 间接水锤

C. 第一相水锤　　　　　　　　　D. 末相水锤

39. 机组受负荷扰动后转速将波动，其超调量是______。（B）

A. 最大转速与额定转速的偏差

B. 最大转速与新的转速的偏差

C. 最大转速与初始转速之差

D. 额定转速与新的稳态转速的偏差

40. 微机调速器机械柜中，紧急停机电磁阀直接控制_____实现事故停机。（B）

A. 机械手操机构　　　　B. 液压放大器

C. 电液转换器　　　　D. 杠杆机构

41. 调速器静特性曲线的斜率的负数称为_____。（B）

A. 暂态转差系数　　　　B. 永态转差系数

C. 调差率　　　　D. 局部反馈系数

42. 我国规定 300 万 kW 以上的系统，频率允许变化范围是_____。（A）

A. $f=(50\pm0.2)$Hz　　　　B. $f=(50\pm0.1)$Hz

C. $f=(50\pm0.5)$Hz　　　　D. $f=(50\pm0.3)$Hz

43. 电液转换器整体上由_____组成。（C）

A. 磁铁和线圈架两部分

B. 控制套和线圈架两部分

C. 电气位移和液压放大两部分

D. 外罩和线圈架两部分

44. 对无差静特性来说，机组的转速与_____无关。（C）

A. 机组频率　　　　B. 磁极对数

C. 机组负荷　　　　D. 工作水头

45. 调节系统最重要的质量指标是_____。（A）

A. 稳定性　　　　B. 准确性

C. 快速性　　　　D. 可靠性

46. 当油压装置油压低于正常工作油压下限的_____时，备

用油泵应启动；当油压继续降低至事故低油压时，作用于快速事故停机的压力信号器应立即动作。（A）

A. 6%～8%　　B. 7%～8%

C. 5%～8%　　D. 3%～8%

47. 引起被调量偏离给定值的各种因素称为_____。（B）

A. 调节　　B. 扰动

C. 反馈　　D. 控制

48. 实现水轮机调节的途径就是改变_____。（A）

A. 过机流量　　B. 机组转速

C. 机组水头　　D. 机组效率

49. 在调节系统中适量加入_____调节作用，可减小被调量的动态偏差，提高系统的稳定性。（C）

A. 比例　　B. 积分

C. 微分　　D. 前馈

50. 对于 PID 调节器，_____。（D）

A. I 的作用是减小动态偏差，D 的作用是消除静态偏差

B. I 的作用是消除静态偏差，D 的作用是消除动态偏差

C. I 的作用是消除动态偏差，D 的作用是减小静态偏差

D. I 的作用是消除静态偏差，D 的作用是减小动态偏差

51. 实际应用中，调节器的参数整定方法有_____4 种。（B）

A. 临界比例带法、回应曲线法、发散振荡法、衰减法

B. 临界比例带法、回应曲线法、经验法、衰减法

C. 回应曲线法、发散振荡法、经验法、衰减法

D. 临界比例带法、经验法、发散振荡法、衰减法

52. 调节系统中用临界比例带法整定参数的具体方法是_____。（A）

A. 先将 T_i 置最大，T_D 置最小，δ_P 置较大

B. 先将 T_i 置最小，T_D 置最大，δ_P 置较大

C. 先将 T_i 置最小，T_D 置最小，δ_P 置较小

D. 先将 T_i 置最小，T_D 置最小，δ_P 置较大

53. 动态偏差是指调节过程中______之间的最大偏差。（C）

A. 被调量与调节量　　　　B. 调节量与给定值

C. 被调量与给定值　　　　D. 以上都不是

54. 调速器在运行中交流电源中断时______。（A）

A. 保持原来的工况不变并发信号

B. 切到手动并发信号

C. 调速器将导叶关到零

D. 自动关机

55. 调速器控制柜的供电方式有______。（A）

A. 交流供电和直流供电

B. 只有交流供电

C. 只有直流供电

D. 不用外部供电

56. 对调速器进行手动操作时，除______外，操作过程中应严密监视，防止机组发生过速或失控，手动运行过程中必须在控制柜处设专人监视。（B）

A. 导叶开度　　　　B. 机组振摆值

C. 转速变化　　　　D. 频率波动

57. 调速器的速动性反映在______方面。（B）

A. 调节时间　　　　B. 接力器移动速度

C. 接力器不动时间　　　　D. 导叶关闭时间

三、多选题

1. 下列选项中说法正确的是_____。（ABCD）

A. 机组甩负荷试验的主要目的是进一步考验调节系统在已选定参数下调节过程的动态稳定性和速动性，从而最终考查整个调速器的质量

B. 机组甩负荷试验是检验调节保证计算值的正确性

C. 机组甩负荷试验是检验水轮机导叶接力器关闭规律的正确性，其中包括测定不动时间、关闭时间，以及节流元件和反馈机构对关闭规律的影响等

D. 甩 100%负荷后，机组达到稳定平衡时的导叶开度一定是空载开度

2. 依据 DL/T 563《水轮机电液调节系统及装置技术规程》的规定，下列选项中说法正确的是_____。（ABD）

A. 调速器不动时间 T_q，对于配用主配压阀直径 200mm 及以下的电液调节装置的系统，不得超过 0.2s

B. 调速器不动时间 T_q，对于配用主配压阀直径 200mm 以上的电液调节装置的系统，不得超过 0.3s

C. 调速器主配压阀的间隙越小时，调速器的灵敏度越高

D. 与调速器相配的外部管道中的设计流速一般不超过 5m/s

3. 水轮机工况调节时调速器的调节模式主要有_____。（ABC）

A. 频率调节　　B. 开度调节

C. 功率调节　　D. 位置调节

4. 机组甩负荷后调速器的动态质量应达到_____要求。

（ABC）

A. 甩 100%额定负荷后，在转速变化过程中超过稳态转速 3%（1.5Hz）以上的波峰不应超过两次

B. 机组甩 100%额定负荷后，从接力器第一次向开启方向移动起到机组转速相对摆动值不超过±0.5%为止所经历的总时间不应大于 40s

C. 机组甩 25%额定负荷后，接力器不动时间不大于 0.2s

D. 机组甩 25%额定负荷后，接力器不动时间不大于 0.1s

5. 调速器空载扰动试验应符合_____要求。（ACD）

A. 扰动量一般为±8%

B. 转速最大超调量不应超过扰动量的 50%

C. 超调次数不超过 2 次

D. 从扰动开始到不超过机组转速摆动规定值为止的调节时间应符合设计规定

6. 以下选项属于水轮发电机组甩负荷试验的是_____。（ABCD）

A. 甩负荷试验应在额定负荷的 25%、50%、75%和 100%下分别进行

B. 录制过渡过程的各种参数变化曲线及过程曲线

C. 记录各部瓦温的变化情况。机组甩 25%额定负荷时，记录接力器不动时间

D. 检查并记录真空破坏阀的动作情况与大轴自然补气情况

7. 下列描述错误的是_____。（ACD）

A. 调速器经空载试验选定的参数可作为运行参数

B. 混流式水轮机转轮通常在叶片与上冠和下环的联结处易产生裂纹，而轴流转桨式转轮则易在叶片与枢轴法兰的过渡

段产生裂纹

C. 高比转速水轮机导水机构中的相对水力损失比低比转速水轮机导水机构中的相对水力损失大

D. 混流式水轮机在相应水头下，机组保证功率范围必须满足 40%～100%负荷稳定运行

8. 关于甩负荷试验的描述正确的是______。（AC）

A. 机组甩负荷试验应分别在额定负荷的 25%、50%、75%和 100%下进行

B. 水流在转轮内的水力损失主要是容积损失

C. 甩负荷试验就是检验机组甩负荷时，机组及其调速系统的动作是否正常，瞬时压力变化和转速变化是否符合规定的试验

D. 甩负荷时可以直接只做甩 100%额定负荷

9. 依据 DL/T 507《水轮发电机组启动试验规程》的规定，下列关于机组空载运行下调速系统试验的描述正确的是______。（AC）

A. 调速器空载扰动试验时，转速最大超调量不应超过扰动量的 30%

B. 调速器空载扰动试验时，机组转速相对摆动值，对于大型调速器不应超过额定转速的±0.25%

C. 甩 100%额定负荷后，在转速变化过程中超过稳态转速 3%以上的波峰不应超过 2 次

D. 机组甩 25%额定负荷后，调速器的动态品质应达到接力器不动时间不大于 0.1s 的要求

10. 依据 DL/T 563《水轮机电液调节系统及装置技术规程》的定义，下列描述正确的是______。（BD）

A. 转速死区称为不灵敏度

B. 转速死区的一半称为不灵敏度

C. 能人为地在规定的被控参量范围内使调节系统起调节作用的最大空间称为人工死区

D. 能人为地在规定的被控参量范围内使调节系统起调节作用的最小空间称为人工死区

11. 下列关于调速系统的描述，正确的有_____。（BD）

A. 稳定状态下，电液调节装置手动、自动切换时，接力器的行程变化不得超过全行程的 1%

B. 电液调节装置一般具有对机组的一次调频功能

C. 导水机构的接力器可不设置机械锁锭装置

D. 导水机构的接力器需要设置机械锁锭装置

12. 依据 DL/T 563《水轮机电液调节系统及装置技术规程》的规定，下列对油压装置的描述正确的有_____。（ABC）

A. 油压装置密封性试验时，关闭压油罐所有阀门，8h 后，油压变化不得大于额定油压的 4%

B. 油压装置内的正常工作油压变化范围应在工作油压的±5%以内

C. 油压装置内的油压信号器动作压值与整定值偏差不应超过整定值的±2%

D. 调速系统压油罐的油气体比例可以设为 2:1

13. 依据 DL/T 827《灯泡贯流式水轮发电机组启动试验规程》的规定，下列关于灯泡贯流式机组的描述正确的是_____。（AC）

A. 灯泡贯流式机组调速器用 100%额定负荷后，在转速变化过程中超过稳态转速 3%以上的波峰不应超过 2 次

B. 灯泡贯流式机组调速器用 100%额定负荷后，在转速变

化过程中超过稳态转速3%以上的波峰不应超过3次

C. 灯泡贯流式机组调速器甩25%额定负荷时，接力器不动时间，不大于0.2s

D. 灯泡贯流式机组调速器甩25%额定负荷时，接力器不动时间，不大于0.3s

14. 依据DL/T 1245《水轮机调节系统并网运行技术导则》的定义，下列描述正确的是_____。（ABC）

A. 机组并网运行中，调节系统接收功率指令信号，并使功率跟踪于功率指令信号的控制称为功率控制

B. 机组并网运行中，调节系统接收开度指令信号，并使开度跟踪于开度指令信号的控制称为开度控制

C. 电网中只有一台或本台机组容量占当前电网容量比重相当大的运行方称为孤立运行

D. 电网中只有一台机组运行方称为孤立运行

15. 依据DL/T 563《水轮机电液调节系统及装置技术规程》的规定，下列关于调速器的描述正确的是_____。（AC）

A. 水轮机调节系统频率测量分辨率，对于大型及重要电站的机组应小于0.003Hz

B. 水轮机调节系统频率测量分辨率，对于大型及重要电站的机组应小于0.01Hz

C. 水轮机调节系统频率测量分辨率，对于中小型机组应小于0.005Hz

D. 水轮机调节系统频率测量分辨率，对于中小型机组应小于0.01Hz

16. 依据DL/T 1245《水轮机调节系统并网运行技术导则》的规定，关于水轮机调节系统的描述正确的是_____。（BD）

A. 水轮机调节系统可以不具有孤网自动识别能力

B. 水轮机调节系统应具有人工水头和自动水头双重输入的功能，根据水头信号自动调整启动开度（加速开度）、空载开度限制、负载开度限制

C. 水轮机调节系统一次调频人工频率/转速死区的设置，应不大于 0.1Hz

D. 运行期间对水轮机调节系统一次调频，在频差超出机组一次调频死区的 45s 内，一次调频合格率不小于 50%

17. 调速器在_____情况下可能会出现网频故障。（BC）

A. 机端 PT 故障　　B. 系统 PT 故障

C. 测频电路故障　　D. 调理板故障

18. 单、双向节流阀的作用有_____。（AB）

A. 调节开机时间　　B. 调节关机时间

C. 调节油压上限值　　D. 调节油压下限值

19. 微机调速器比普通液压调速器的优点是_____。（ABCD）

A. 采用智能模块

B. 具有多种运行模式

C. 方便实现电站计算机控制

D. 没有电气开度限制操作灵活

20. 调速器出现反馈断线的原因有_____。（ACD）

A. 位移传感器故障　　B. 开限没有打开

C. 反馈电位器故障　　D. 电源故障

21. 依据 DL/T 1245《水轮机调节系统并网运行技术导则》的规定，在功率给定或开度给定恒定时，下列机组实际有功功率或开度与给定值的偏差中，符合要求的是_____。（AB）

A. ±0.5%　　B. ±1%　　C. ±1.5%　　D. ±2%

22. 下列符合导叶分段关闭装置动作延迟时间的有_____。（ABC）

A. 0.1s B. 0.2s C. 0.3s D. 0.4s

23. 导叶分段关闭装置最小动作压力设置合格的有_____。（AB）

A. 1.5MPa B. 1.7MPa

C. 2.0MPa D. 3.0MPa

24. 事故配压阀最小动作压力设置合格的有_____。（AB）

A. 1.5MPa B. 1.7MPa

C. 2.0MPa D. 3.0MPa

25. 下列选项符合事故配压阀动作延迟时间的是_____。（ABCD）

A. 0.1s B. 0.2s C. 0.3s D. 0.4s

26. 调速器空载扰动试验中出现以下次数超调，其中符合标准要求的是_____。（AB）

A. 1 次 B. 2 次 C. 3 次 D. 4 次

27. 对于大型调速器，转速相对摆动值为额定转速的_____是符合标准要求的。（AB）

A. ±0.10% B. ±0.15%

C. ±0.20% D. ±0.25%

28. 对于小型调速器，转速相对摆动值为额定转速的_____是符合标准要求的。（ABCD）

A. ±0.10% B. ±0.15%

C. ±0.20% D. ±0.25%

29. 甩 100%额定负荷后，在转速变化过程中超过稳态转速3%以上的波峰次数，符合标准要求的是_____。（AB）

A. 1　　B. 2　　C. 3　　D. 4

30. 调速器动态试验包括______。(ABCD)

A. 自动开停机试验　　B. 空载频率摆动试验

C. 空载频率扰动试验　　D. 甩负荷试验

31. 调速器空载扰动试验的目的是检测______情况是否符合要求。(ABCD)

A. 速器灵敏度　　B. 调速器稳定

C. 接力器空载摆动　　D. 主配压阀跳动

32. 以下说法中正确的有______。(BC)

A. 调节系统最重要的质量是准确性

B. 引起被调量偏离给定值的各种因素称为扰动

C. 调节系统最重要的质量是稳定性

D. 引起被调量偏离给定值的各种因素称为调节

33. 以下说法中正确的是______。(ABC)

A. 空载扰动试验所选出的调节系数主要是满足机组空载运行的稳定性

B. 水轮机调节系统静特性曲线也叫机组静特性曲线

C. 水轮机导轴承油位升高的原因之一是轴承内冷却水管漏水

D. 水轮机调速器既可调节机组的频率，又可调节机组的电压

34. 以下属于调速器严重故障的是______。(ABD)

A. 导叶反馈故障　　B. 主配传感器故障

C. 残压测频通道故障　　D. 主接跟随故障

35. 水轮机自动调节系统主要由_____基本部分组成。(ABCD)

A. 测量元件　　B. 放大元件

C. 执行元件　　D. 反馈元件

36. 水轮机工作时调速器的调节模式主要有______。（ABC）

A. 转速调节　　B. 开度调节

C. 功率调节　　D. 位置调节

37. 实际应用中，调节器的参数整定方法有_____。（ABCD）

A. 临界比例带法　　B. 回应曲线法

C. 经验法　　D. 衰减法

四、填空题

1. 水轮机调节的主要任务是频率调节。

2. 水轮机启动试验时，按照 DL/T 507《水轮发电机组启动试验规程》的要求，调速器空载扰动试验，超调次数不超过 2 次。

3. 按照 DL/T 507《水轮发电机组启动试验规程》的要求，机组甩负荷试验应在额定负荷的 25%、50%、75%、100%下分别进行。

4. 按照 DL/T 563《水轮机电液调节系统及装置技术规程》的要求，甩 100%额定负荷后，在转速变化过程中超过稳态转速 3%以上的波峰不应超过 2 次。

5. 水轮机调节的途径是通过改变过机流量来实现的。

6. 水轮机接力器关闭时间的整定目的是满足调保计算的要求。

7. 水轮发电机组作为调相运行，将从系统吸收少量的有功而发出大量的无功。

8. 水轮发电机组频率测量方式一般有残压测频、齿盘测频两种方式。

9. 水轮机调速器的运行模式有功率模式、开度模式和频率模式。

10. 调速器在没有接收到调整负荷指令的情况下，机组运行中导叶自动关小或者开大，造成机组出力缓慢变化的现象叫溜负荷。

11. 调速器由测量、放大、执行、反馈等基本元件组成；机组被称为调节对象。

12. 系统发生振荡时，调速器严禁切至手动运行。

13. 调速器的动态品质指标有调节时间、最大超调量、超调次数。

14. 微机调速器的运行方式有自动、电手动和机手动。

15. 调速器中 PID 调节的 P 代表比例参数，I 代表积分参数，D 代表微分参数。

16. 调速器自动运行时，若有导叶传感器故障发生，则调速器将自动切为手动，且保持导叶开度不变。

五、问答题

1. 机组 A 修后，水轮发电机组调速系统特性试验主要内容有哪些？

答：调速系统静态特性试验及转速死区测定、空载试验（手动和自动条件下的转速摆动、频率扰动）、甩负荷试验及接力器不动时间的测定。

2. 水轮机调节的任务是什么？

答：维持机组转速在额定转速附近，满足电网一次调频要求；完成调度下达的功率指令，调节水轮机组有功功率，满足电网二次调频要求；完成机组开机、停机、紧急停机等控制任务；执行计算机监控系统的调节及控制指令。

3. 什么叫水轮机调节？水轮机调节的基本任务是什么？

答：水轮机调节是应用自动调节技术，使水轮机按预定的生产程序和目的完成任务。水轮机调节的基本任务就是按照用户负荷变化所引起水轮发电机转速变化或频率变化的偏差，通过调速器自动调节水轮机导叶开度，使发电机的输出功率和频率满足用户的要求。

4. 调速系统中装设事故配压阀起什么作用？

答：调速系统中装设事故配压阀（又叫过速限制器）是防止水轮机长期在飞逸转速下运行的有效措施，机组正常运行时，事故配压阀仅作为压力油的通道，使调速器主配压阀通至接力器的管道接通。当机组甩负荷又遇调速系统故障时，事故配压阀动作，切断主配压阀与接力器的联系，而直接把压力油从油压装置接入接力器，使接力器迅速关闭，实现机组紧急停机，以缩短机组过速时间，起到对水轮机的保护作用。

5. 调速器静态特性试验的目的和检查项目是什么？

答：调速器静态特性试验是通过实测调速器的静态特性曲线来确定调速器静态特性质量的一项试验。检查项目包括调速器静态特性曲线的最大非线性度、接力器带负载时调速器死区、永态转差系数刻度的实际偏差。

6. 水电站微机调速器一般有哪几种调节模式？

答：一般包括频率调节模式、开度调节模式、功率调节模式。

7. 什么是反馈调节系统？

答：反馈调节系统是最基本的调节系统，它按被调量与给定值的偏差进行调节，调节的目的是尽可能减少或消除被调量与给定值之间的偏差。

8. 水电机组测速装置的技术要求有哪些？

答：（1）在额定转速±10%范围内，静态特性曲线应近似直线，其转速死区应符合设计规定值；在额定转速±2%范围内，其放大系数的实测值偏差不超过设计值的±5%。

（2）机械式测速装置（飞摆），在经过超速试验后不得出现变形和裂纹等不正常现象。

（3）电气测速装置最小工作信号电压不大于设计值。

9. 调速器接力器开关时间如何测量？

答：取接力器在75%与25%之间运动时间的2倍，作为接力器开启和关闭时间，以排除接力器两端的缓冲段对测量的影响。上述操作方法测得的接力器开关机时间应一致，误差宜在0.5s以内。

10. 什么叫闭环控制系统？

答：闭环控制系统即反馈控制系统，是指系统的输出量对系统的调节作用有直接影响的系统。即控制设备和控制对象在信号关系上形成的闭合回路。

11. 什么叫调节环节系统的无扰切换？

答：一个调节系统由手动切换到自动，或由自动切换到手动，都不应该影响调节器输出的变化（跃变）。这种手动和自动之间的相互切换不影响调节器输出的操作，称为双向无扰动切换。只有手动切自动或自动切手动时是无扰的称为单向无扰切换。

12. 比例控制作用有何特点？

答：比例作用的优点是动作快。它的输出无迟延地反映输入的变化，是最基本的控制作用。缺点是调节结束后被控量有静态偏差。

13. 调节保证计算的任务是什么?

答: 调节保证计算的任务是计算出机组过渡过程中（即甩负荷）的最大转速上升值和最大压力上升值，即解决水力惯性、机组惯性和调整性能三者的矛盾，以达到电能质量最佳（周波稳定）、水工建筑和机组造价最省的目的。

14. 机组甩负荷后调速器的动态品质应达到的要求有哪些?

答:（1）甩100%额定负荷后，在转速变化过程中，超过稳态转速3%额定转速值以上的波峰不超过2次。

（2）机组甩 100%额定负荷后，从接力器第一次向开启方向移动起，到机组转速摆动值超过±0.5%为止所经历的时间，应不大于40s。

（3）转速或指令信号按规定形式变化，接力器不动时间为：对电调不大于0.2s，机调不大于0.3s。

15. 水轮机调速器的动态品质指标有哪些? 最佳调节过程是什么?

答: 当调速器受到外扰以后，机组转速变化的过渡过程就是动态过程，其品质指标有下列三个：

（1） 调节时间。从受外扰开始到转速进入稳定范围（转速摆动规定值内）时止所经历的时间，称为调节时间，也称为过渡过程时间。

（2） 最大超调量。即调节系统受外扰后，在调节过程中转速超过新稳态值的最大偏差与扰动量的比值。

（3） 超调次数。即在调节时间范围内，出现波峰个数和波谷个数之和的一半。

最佳调节过程应该是：超调量小、调节时间短、超调次数少。但这三项指标往往是互相矛盾的。如调节时间短，往往超调量就比较大；若超调量过小，则会加长调节时间，且超调次数也会增多。因此，衡量动态品质的好坏，不能单从某一指标看，而应根据具体情况综合考虑。

16. 某水电厂 3 号机组调速器解体检修后装复完毕，导水机构已连接完毕，接力器处于全关位置，油压装置建压打开供油阀，多次调整引导阀均未使接力器向开的方向移动，分析可能存在的原因。

答：（1）调速系统排油阀可能未打开。

（2）检查紧急停机电磁阀可能动作。

（3）检查过速限制器可能动作。

（4）检查纯机械过速保护可能动作。

（5）引导阀装复时可能未恢复到原位，向关的方向偏得太多。

17. 暂态转差系数 b_t 在调节中的作用是什么？

答：暂态转差系数 b_t 指永态转差系数 b_p 为零时，缓冲装置不起衰减作用，在稳态下的转差系数。严格地说，暂态转差系数 b_t 是缓冲装置不起缓冲作用时，由软反馈机构造成的有差静特性斜率的负值。b_t 表示调节过程中反馈强度的大小。一般来说，增加暂态转差系数 b_t 值可提高调节过程的稳定性。但不能认为 b_t 越大越好，这是因为导叶开度动作速度与 b_t 值大小成反比，为了防止减小水锤作用，T_w 值大时，b_t 值应随之增加，T_w 值小时，应减小此值。

18. 简述一次调频、二次调频的作用。

答：一次调频：各机组并网运行时，受外界负荷变动影响，电网频率发生变化，这时各机组的调节系统参与调节作用，改变各机组所带的负荷，使之与外界负荷相平衡。同时，还尽力减少电网频率的变化，这一过程即为一次调频。

二次调频：一次调频是有差调节，不能维持电网频率不变，只能缓和电网频率的改变程度。所以还需要利用同步器增、减速某些机组的负荷，以恢复电网频率，这一过程称为二次调频。只有经过二次调频后，电网频率才能精确地保持恒定值。

19. 发生机组过速事故如何处理?

答：（1）检查事故停机关主阀或进水口工作闸门的动作过程，如机组过速保护装置拒动，应手动紧急停机关主阀或进水口工作闸门。

（2）如在事故停机过程中，剪断销剪断或主配压阀卡住引起机组过速，也应手动操作使导叶和主阀或工作闸门关闭。

（3）用事故配压阀关导叶停机。

（4）机组过速停机后，对机组进行全面检查完毕，才可以启动机组。机组启动后测量摆度，正常后方可并入系统运行。

20. 调速器的巡检项目主要有哪些?

答：（1）220V 交、直流电源开关投入正常。

（2）调速器面板上各信号指示灯符合运行方式的要求。

（3）触摸屏上各参数、状态显示正常，符合运行方式的要求。

（4）触摸屏上无故障信号。

（5）紧急停机电磁阀、过速限制器未动作。

（6）调速器柜内油压正常且与压油装置油压相同。

（7）调速器各部分及连接管路无渗漏现象。

21. 若接力器关闭时间调整不当会出现哪些严重事故?

答：若时间调整得过短，会使水轮机组发生抬机事故，严重时会导致压力钢管的破裂。若时间调整得过长，甩负荷时，可能出现过速现象或恶化调节过程的动态品质。

22. 调速器不能自动开机的原因主要有哪些?

答: 紧急停机电磁阀未复归、调速器在手动状态、锁锭未拔出、未收到开机令、开机过程中有故障调速器切手动、停机令未复归。

23. 机组由调速器自动控制运行时，接力器出现非正常抽动情况的原因是哪些?

答:（1）调速器开度反馈变送器测值故障。

（2）主配位移传感器或主接位移传感器测值故障。

（3）比例伺服运行不正常。

（4）调速系统电气部分存在接触不良现象。

（5）调速系统电气部分存在软件程序问题。

（6）调速器液压系统管理存在空气。

24. 水电站调速器中的主配压阀控制不灵或卡死，原因是什么?

答: 有些水电站在枯水季节长期停机，维护不善，油系统中含水量过大，使主配压阀各滑动面产生锈蚀，手、自动操作不灵，甚至卡死。有时固体颗粒或铁屑等进入活塞和衬套之间，也会使之卡死。遇到这种现象，开机前应仔细检查，油中含水量多时要换新油，并同时分解、检查主配压阀的关键部件。此外，应经常对透平油进行观察和化验。

25. 调速器为什么会出现经常溜负荷现象?

答: 所谓溜负荷是指没有操作功率给定和频率给定电位器，系统频率也无明显的升高，机组带上一定负荷运行后，逐渐减至空载。一般都在负荷明显溜掉以后，值班人员才发现。

（1）电液调速器产生此现象的可能原因为:

1）功率给定电位器偶然有某一位置接触不良。

2）某些继电器的触点接触不良，或其干簧触点损坏等。

3）电液转换器线圈断线，在没有电流的情况下，电液转换器的平衡位置又偏在关机方向。

4）元件损坏，特别是测频回路输出变压器和相敏整流输入变压器损坏，造成调节信号不正常。

5）电液转换器卡在偏关方向的微小位置。

（2）机械液压调速器产生溜负荷现象的可能原因为：

1）缓冲器特性欠佳。

2）杠杆间死行程过大。

3）调速器死区太大。

4）油质脏，影响液压缓冲回复特性。

第三章

热工仪表与热工控制

第一节　热　工　仪　表

一、判断题

1. 所有电气设备的外壳均应有良好的接地装置。（√）

2. 一块 0.5 级量程为 5A 的电压表，经检定发现其最大误差为 30mA，则该表是合格的。（×）

3. 国际单位制（SI）中，电流（A）是基本单位，电压（V）是导出单位。（√）

4. 热电阻采用三线制接线主要是减少线路电阻带来的测量误差。（√）

5. 依据 JJF 1033《计量标准考核规范》的规定，计量标准现场考评是指质量技术监督部门对计量标准测量能力的评定和开展量值传递资格确认。（√）

6. 依据 JJF 1033《计量标准考核规范》的规定，企业建立最高计量标准，经有关质量技术监督部门复查考核合格，签发的计量标准考核证书有效期为 3 年。（×）

7. 依据 JJF 1033《计量标准考核规范》的规定，更换计量

标准器和主要设备后，如果计量标准的测量范围开展检定或校准的项目发生变化，应当重新申请计量标准考核。（√）

8. 依据 JJF 1033《计量标准考核规范》的规定，新建计量标准应当经过至少半年的试运行，在此期间考察计量标准的重复性及稳定性。（√）

9. 计量检定工作可由国家法制计量部门或其他法定授权组织进行。（√）

10. 工业用铂、铜电阻温度计的测温原理是利用了金属的电阻值随温度变化而变化的特性。（√）

11. 依据 JJG 52《弹性元件式一般压力表、压力真空表和真空表》的规定，压力表的来回差不得超过表计允许基本误差的绝对值的 1/2。（×）

12. 测量压力的引压管的长度一般不应过长。（√）

13. 功率是国际单位制基本单位之一。（×）

14. 按压力测试的不同类型，压力传感器可分为表压传感器、差压传感器和绝压传感器等。（√）

15. 电容式压力变送器是通过将压力转换成位移，再进而转换成电容来达到压力测量目的的，因此只要保证膜片中心位移与压力具有线性关系就能实现压力的正确测量。（√）

16. 压力表的示值检定点应均匀分布于盘面上。（×）

17. 有一精度等级为 0.5 的测温仪表，测量范围为 400～600℃，该表的允许基本误差为 1℃。（×）

18. 自动化监测元件量程，一般为被测量额定值的 1.5～2 倍。（√）

19. 无功功率即无用功率。（×）

20. 放大器的输出电阻越小，负载能力越强。（√）

21. 多路温度巡检仪，基本误差应不超出±0.5%。（√）

22. 弹簧管压力表指针轴上之所以要装上游丝，其目的是消除传动机构之间的间隙，减小仪表的变差。（√）

23. 电磁流量计电源的相线和中线、励磁绕组的相线和中线，以及变送器输出信号端子线是不能随意对换的。（√）

24. 压力开关应垂直安装于便于拆装，无外来撞击、震动的地方。（√）

25. 电磁阀是利用电磁原理控制管道中介质流动状态的电动执行机构。（√）

26. 液位信号器在同一液位的动作误差，不应超过±5mm。（√）

27. 多次测量能减少系统误差。（×）

28. 5100.0m 的有效数字是 5 位。（√）

29. 差压变送器不可以测量压力信号。（×）

30. 当仪表管道的敷设环境温度超过一定范围时，应有防冻或隔热措施。（√）

31. 遇有电气设备着火时，应立即将有关设备的电源切断，然后进行救火。（√）

32. 在设备或管道上安装取源部件的开孔和焊接工作，可在设备或管道的防腐、衬里和压力试验后进行。（×）

33. 当设备及管道有绝热层时，安装的取源部件应露出绝热层外。（√）

34. 依据 GB 50093《自动化仪表工程施工及质量验收规范》的规定，压力取源部件与温度取源部件在同一管段上时，应安装在温度取源部件的上游侧。（√）

35. 直接安装在管道上的仪表安装完毕应进行压力试验。

（√）

36. 依据 JJG 544《压力控制器》的规定，压力控制器的检定周期一般不超过 1 年。（√）

37. 机械性转速信号器一般是利用离心力原理。（√）

二、单选题

1. 水力发电厂有一精度等级为 0.5 的测温仪表，测量范围为 400～600℃，该表的允许基本误差不超过_____。（A）

A. ±1℃　　B. ±2℃

C. ±3℃　　D. ±4℃

2. 表征仪表的主要质量指标之一是_____。（D）

A. 绝对误差　　B. 相对误差

C. 引用误差　　D. 基本误差

3. 下列_____是三位有效数字。（A）

A. 0.017 0　　B. 0.107 0

C. 1.7×10^3　　D. 1070

4. 现代科学技术所能达到的最高准确度等级是_____。（B）

A. 计量标准器具　　B. 国家基准

C. 工作计量器具　　D. 最高计量标准

5. 一般指示式仪表希望在_____刻度下工作。（D）

A. 任意　　B. 大于 1/2 满量程

C. 大于 1/3 满量程　　D. 1/3～2/3 满量程

6. 下列_____是法定计量单位。（A）

A. 米　　B. 公尺　　C. 公分　　D. 公厘

7. 差压式流量计中节流装置输出差压与被测流量的关系为_____。（D）

A. 差压与流量成正比　　B. 差压与流量成反比

C. 差压与流量呈线性关系　　D. 差压与流量的平方成正比

8. 非接触式测量轴承振动的探头是利用_____原理工作的。（B）

A. 差动感应　　B. 涡流效应

C. 差动磁效　　D. 电磁感应

9. 根据有效数字运算规则，69.62 + 3.789 36 + 0.647 7 = _____。（B）

A. 74.05　　B. 74.06　　C. 74.057　　D. 74.057 1

10. 当被测介质具有腐蚀性时，必须在压力表前加装_____。（A）

A. 隔离装置　　B. 冷却装置

C. 缓冲装置　　D. 平衡装置

11. 弹簧管压力表的零位由_____方法调整。（A）

A. 重新上指针　　B. 示值调整螺钉

C. 调游丝松紧程度　　D. 转动机芯

12. 测量黏度较大流体的压力时，在取压点与压力表之间应加装_____。（C）

A. 沉降器　　B. 排污阀

C. 隔离器　　D. 凝汽器

13. 进行接线时，每个端子最多只允许接入_____根导线。（B）

A. 1　　B. 2　　C. 3　　D. 4

14. 依据 GB 50093《自动化仪表工程施工及质量验收规范》的规定，线路与绝热的设备和管道绝热层之间的距离应大于_____。（B）

A. 100mm　　B. 200mm

C. 300mm　　D. 400mm

15. 依据 GB 50093《自动化仪表工程施工及质量验收规范》的规定，电缆与测量管路成排做上下层敷设时，其间距不宜小于______。(B)

A. 100mm　　B. 200mm

C. 300mm　　D. 400mm

16. 控制电缆的使用电压为交流______及以下，或直流1000V 及以下。(B)

A. 380V　　B. 500V　　C. 600V　　D. 750V

17. 某容器内的压力为 1MPa，为了测量它，应选用量程最好为______的工业压力表。(B)

A. 0～1MPa　　B. 0～1.6MPa

C. 0～2.5MPa　　D. 0～4.0MPa

18. 振动传感器根据测振原理的不同可分为接触式和非接触式两类，______称为接触式相对传感器。(D)

A. 电容式传感器　　B. 电感式传感器

C. 电涡流式传感器　　D. 压电式传感器

19. 若被测介质的实际温度为 500℃，仪表示值为 495℃，则仪表的相对误差为______。(B)

A. ±1%　　B. 1%

C. 1　　D. ±0.1%

20. 蠕动监测装置在机组停机状态下，由于导叶漏水使大轴转动，当转动角在______时，应有一对故障触点输出。(B)

A. 1°～1.5°　　B. 1.5°～2°

C. 2°～2.5°　　D. 1°～2°

21. 水电站常用压力（差压）变送器的输出信号为______。（B）

A. 0～10mA　　B. 4～20mA

C. 0～5V　　D. 1～5V

22. 对新制造的电动压力变送器进行检定时，其中无须检定的项目为______。（B）

A. 外观　　B. 过范围影响

C. 密封性　　D. 基本误差

23. 依据 JJG 229《工业铂、铜热电阻》的规定，铂电阻温度计电阻值与温度间的函数关系，在 0～850℃温度范围内，电阻值采用______计算。（C）

A. $R_t = R_0(1 + dt)$

B. $W(t) = W_r(t) + a_8[W(t) - 1] + b_8[W(t) - 1]^2$

C. $R(t) = R(0℃)(1 + At + Bt^2)$

D. $R_t = R_0[1 + At + Bt_2 + C(t - 100)t_3]$

24. 准确度就是仪表指示值接近______的准确程度。（C）

A. 测量值　　B. 标准表示值

C. 被测量真值　　D. 以上均不对

25. 依据 JJG 52《弹性元件式一般压力表、压力真空表和真空表》的规定，压力仪表实验室温度应保持在______，相对湿度不大于 85%。（B）

A. 10℃±5℃　　B. 20℃±5℃

C. 25℃±5℃　　D. 22℃±5℃

26. 依据 JJG 860《压力传感器（静态）》的规定，校验压力传感器用的标准仪表和仪器应具备有效的检定合格证书，封印应完整，不得任意拆修。其基本误差的绝对值不应超过被校

仪表基本误差绝对值的_____。（A）

A. 1/3　　B. 1/2　　C. 1/4　　D. 2/3

27. 导线保护管应敷设在便于检修和维护、无_____和不容易受到机械损伤的地方，而且远离火源和热源。（B）

A. 电磁干扰　　B. 剧烈振动

C. 障碍物　　D. 腐蚀

28. 检定一块准确度等级为1.5级、测量上限为6.0MPa的压力表，选用的精密压力表的准确度等级和量程为_____。（C）

A. 0.25级，16MPa　　B. 0.6级，10MPa

C. 0.25级，10MPa　　D. 0.4级，10MPa

29. 在系统的信号发生端输入模拟量信号，校验测量系统的综合误差，其综合误差不得超过系统内各单元仪表允许_____。（D）

A. 最大误差之和　　B. 基本误差之和

C. 最大误差的方和根值　　D. 基本误差的方和根值

30. 下列几种电阻温度计中，_____的准确度最高。（D）

A. 铁电阻温度计　　B. 铜电阻温度计

C. 镍电阻温度计　　D. 铂电阻温度计

31. 依据JJG 52《弹性元件式一般压力表、压力真空表和真空表》的规定，压力表在轻敲表壳后的指针位移，不应超过允许基本误差绝对值的_____。（C）

A. 1/3　　B. 2/3　　C. 1/2　　D. 1/4

32. 涡流探头的工作原理是_____。（B）

A. 电磁感应　　B. 涡流效应

C. 电磁振荡　　D. 磁阻变化

33. 依据JJG 52《弹性元件式一般压力表、压力真空表和真空表》的规定，用来测量特殊介质的压力表的表壳、衬圈或表盘上应涂颜色标记，氧气压力表应涂有______的“禁油”字样。（A）

A. 天蓝色　　B. 深绿色

C. 黄色　　D. 白色

34. 在校验一块弹簧管压力表的过程中，发现其在上升和下降过程中，在同一检定点变差很大，无论怎样调整都无法消除，原因是______。（A）

A. 弹簧管变形　　B. 弹簧管不严密

C. 扇形齿轮磨损　　D. 以上均不是

35. 根据有效数字运算规则，1.72×1013＝______。（C）

A. 1742.36　　B. 1742

C. 1.74×10^3　　D. $0.174\,2\times10^4$

36. 依据 JJG 52《弹性元件式一般压力表、压力真空表和真空表》的规定，工业用弹簧管压力表校验方法采用______。（A）

A. 示值比较法　　B. 标准信号法

C. 标准物质法　　D. 以上 3 种方法均可

37. 直接用于测量的计量器具称为______。（C）

A. 计量基准器具　　B. 计量标准器具

C. 工作计量器　　D. 测量计量器具

38. 下列关于电压的描述中，正确的是______。（A）

A. 衡量电场力转移电荷做功的能力的物理量

B. 电压的单位为焦耳

C. 电压的方向是从低位能指向高位能

D. 电压的大小与电荷绕行的途径有关

39. 精确度用来反映仪表测量______偏离真值的程度。（A）

A. 误差　　B. 结果　　C. 方法　　D. 处理

40. 下列情况不属于水轮机保护的是______。（D）

A. 轴承温度过高跳机　　B. 机组过速保护动作

C. 事故低油压跳机　　D. 发电机出口断路器跳闸

41. 在安装就地控制接线箱时，要尽量避免电缆从箱子的______穿入。（D）

A. 左侧　　B. 右侧　　C. 箱底　　D. 箱顶

42. 霍尔压力变送器是利用霍尔效应把压力作用下的弹性元件位移信号转换成______信号，来反映压力的变化。（C）

A. 电流　　B. 相位

C. 电动势　　D. 以上都是

43. 差压变送器投运程序是______。（B）

A. 先开平衡阀，再开低压阀，最后高压阀

B. 先开平衡阀，再开高压阀，最后低压阀

C. 先开高压阀，再开低压阀，最后平衡阀

D. 先开低压阀，再开平衡阀，最后高压阀

44. 差压变送器启、停应严格遵照程序，其目的是避免弹性元件______。（B）

A. 产生弹性变形　　B. 单向超载

C. 测量不准　　D. 以上都可能发生

45. 下列表示温度的写法，不正确的是______。（C）

A. 20 摄氏度　　B. 20℃

C. 摄氏 20 度　　D. 20K

46. 电气原理图中的各种电器和仪表都是用规定的______表示的。（A）

A. 符号　　B. 图形　　C. 线段　　D. 方框

47. 导线不应有中间接头，如必须有中间接头，应连接牢固，不承受机械力，并保证______绝缘水平。（B）

A. 现有的　　B. 原有的

C. 可靠的　　D. 以上答案都不对

48. 下列设备中，______不是开关量变送器。（D）

A. 压力开关　　B. 流量开关

C. 温度开关　　D. 控制开关

49. 行程开关主要是用来将______转换为电接点信号。（D）

A. 差压信号　　B. 温度信号

C. 电量信号　　D. 机械位移信号

50. 继电器是一种借助于______或其他物理量的变化而自动切换的电器。（B）

A. 机械力　　B. 电磁力

C. 电流　　D. 电压

51. 热工控制回路中所使用的电器开关一般属于______。（A）

A. 低压电器　　B. 高压电器

C. 交流电器　　D. 直流电器

52. 转速测量装置应保证其测量结果的不确定度小于同步转速的______。（A）

A. ±1%　　B. ±2%　　C. ±1.5%　　D. ±3%

53. 对于 PLC 输出信号，若控制感性负载，应加______。（A）

A. 浪涌抑制器　　B. 在线路中串接二极管

C. 正向并联一个二极管　　D. 不需要处理

54. 导压管应以尽量短的路径敷设，是为了______。（D）

A. 减少热量损失　　B. 减少振动

C. 增大稳定性　　　　D. 减少测量时滞

55. 若一台压力变送器在现场使用时发现量程偏小，将变送器量程扩大，而二次显示仪表量程未做修改，则所测压力示值比实际压力值_____。（A）

A. 偏小　　　　B. 不变

C. 偏大　　　　D. 不确定

56. 如果智能压力变送器的量程为 10kPa，那么其测量回路的测值为 16mA，则其压力值为_____kPa。（C）

A. 9　　B. 8　　C. 7.5　　D. 6

57. 现有 2 台压力变送器，第一台为 1 级 0～600kPa，第二台为 1 级 250～500kPa，第三台为 1 级 200～300kPa，测量变化范围为 320～360kPa 的压力，_____准确度高。（B）

A. 第一台　　　　B. 第二台

C. 第三台　　　　D. 都一样

58. 电容式差压变送器校验时不需要_____。（D）

A. 调零点　　　　B. 调量程

C. 调线性度　　　　D. 切断电源

59. 浮筒式液位计所测液位越高，则浮筒所受浮力_____。（B）

A. 越大　　B. 不变　　C. 越小　　D. 不一定

60. 依据 JJF 1033—2016《计量标准考核规范》的规定，每套计量标准必须设置专门的计量标准负责人，每个检定项目必须由_____名以上持本项目计量检定员证的人员。（B）

A. 1　　B. 2　　C. 3　　D. 4

61. Pt100 铂电阻在 0℃时的电阻值为_____。（B）

A. 0Ω　　B. 100Ω　　C. 10Ω　　D. 0.1Ω

62. 差压变送器的膜盒内充有______，它除了传递压力以外，还有阻尼作用，所以仪表输出平稳。（C）

A. 隔离液　　B. 纯水　　C. 硅油　　D. 盐水

63. 一压力变送器的输出范围为 20～100kPa，则它测量时最大可以测到______kPa。（D）

A. 99.99　　B. 101　　C. 20　　D. 100

64. 系统误差又称______。（A）

A. 规律误差　　B. 精度等级

C. 全不是　　D. 全都是

65. 灵敏度数值越大，则表示仪表越______。（C）

A. 迟滞　　B. 限度　　C. 灵敏　　D. 精确

66. 若将一根导线拉长，其电阻将______。（C）

A. 变小　　B. 不变　　C. 变大　　D. 不确定

67. 有一精度为 1.0 级的压力表，其量程为 −0.1～1.6MPa，则其允许误差为______。（C）

A. ±0.016MPa　　B. ±0.015MPa

C. ±0.017MPa　　D. ±0.014MPa

68. 在交流电压中，频率代表______。（A）

A. 电压变化的快慢　　B. 电压的大小

C. 初相位的大小　　D. 完成一个循环所需的时间

69. 工程压力测量单位是______。（A）

A. 帕斯卡　　B. 牛顿

C. 公斤　　D. 摩尔

70. 流量是指______内流过某一截面积的流体数量。（B）

A. 单位体积　　B. 单位时间

C. 单位面积　　D. 单位长度

71. 压力式温度计中感温物质的体积和膨胀系数越大，则仪表_____。（A）

A. 越灵敏　　B. 越不灵敏

C. 没有影响　　D. 不确定

72. 差压变送器采用可变电容作为敏感元件，当差压增加时，测量膜片发生位移，则低压测得电容量_____。（B）

A. 减小　　B. 增加

C. 不变　　D. 无法确定

73. 各类转速表的检定周期一般不超过_____。（A）

A. 一年　　B. 半年　　C. 两年　　D. 三年

三、多选题

1. 测量不确定度只有在_____条件下才有意义。（AD）

A. 重复性　　B. 超然性

C. 稳定性　　D. 复现性

2. 计量行政法规的名称有_____。（ABD）

A. 命令　　B. 条例

C. 规章　　D. 办法

3. 计量法的基本内容包括_____。（ABCD）

A. 计量立法宗旨　　B. 计量检定原则

C. 计量认证评审　　D. 计量纠纷处理

4. 法定计量检定机构的职责是_____。（ABC）

A. 负责研究建立计量基准、社会公用计量标准

B. 进行量值传递，执行强制检定和法律规定的其他检定、测试任务

C. 起草技术规范，为实施计量监督管理提供技术保证

D. 研制计量器具新产品

5. 下列对记录的描述中正确的是______。(ABCD)

A. 记录是证实性文件　　　　B. 记录应原始并真实

C. 记录应妥善保管　　　　　D. 记录应有适当的保存期限

6. 测量滞后对调节质量有大的影响，克服测量滞后的一般方法是______。(ABCD)

A. 选择快速测温元件

B. 正确选择安装位置

C. 正确使用微分单元

D. 在气动控制系统中如传送管线很长，膜上空间容积大，通常采用调节器输出管线上安装

7. 气动继动器或者安装阀门定位器，用于增大输出功率，减少传送滞后。下列属于网络安全装置的是______。(BCD)

A. 看门狗　　　　　　　　　B. 横向隔离装置

C. 防火墙　　　　　　　　　D. 纵向加密装置

8. 计量标准的环境条件及设施均应满足______的要求。(BC)

A. 温度为（20±2）℃　　　B. 检定规程

C. 技术规范　　　　　　　　D. 质量手册

9. 依据 DL 5190.4《电力建设施工技术规范　第 4 部分：热工仪表及控制装置》的规定，取源部件或敏感元件安装后，应有标明______的标识牌。(ABC)

A. 设计编号　　　　　　　　B. 名称

C. 用途　　　　　　　　　　D. 型号

10. 依据 GB 50093《自动化仪表工程施工及质量验收规范》的规定，关于自动化仪表检验，以下说法正确的是______。(ABD)

A. 用于高温、高压的仪表设备安装，应全部检验

B. 用于高温、高压的取源部件安装，应全部检验

C. 单独设置的仪表盘、柜、箱安装，应抽检 30%，且不得小于 1 台

D. 成排设置的仪表盘、柜、箱安装，应抽检 30%，且不得小于 1 排

11. 依据 GB 50093《自动化仪表工程施工及质量验收规范》的规定，在管道上安装温度取源部件，应符合的要求是______。（ABC）

A. 与管道相互垂直安装时，取源部件轴线应与管道轴线垂直相交

B. 与管道呈倾斜角度安装时，宜逆着物料流向，取源部件轴线与管道轴线相交

C. 在管道的拐弯处安装时，宜逆着物料流向，取源部件轴线应与工艺管道轴线相重合

D. 在管道的拐弯处安装时，宜逆着物料流向，取源部件轴线应与工艺管道轴线相交

12. 依据 GB 50093《自动化仪表工程施工及质量验收规范》的规定，在水平和倾斜管道上安装压力取源部件时，取压点方位应符合的要求是______。（AD）

A. 测量气体压力时，应在管道的上半部

B. 测量气体压力时，应在管道的下半部

C. 测量液体压力时，应在管道的上半部与管道的水平中心线呈 0° ～45° 夹角范围内

D. 测量液体压力时，应在管道的下半部与管道的水平中心线呈 0° ～45° 夹角范围内

13. 依据 GB 50093《自动化仪表工程施工及质量验收规范》的规定，接地线的标识颜色可采用_____。（AB）

A. 黄、绿两色　　B. 绿色

C. 黄色　　D. 红色

14. 依据《中华人民共和国法定计量单位》的规定，以下属于我国选定为法定单位的非国际单位制单位的是_____。（ABC）

A. 分　　B. 小时　　C. 天　　D. 秒

15. 国家溯源等级图分为三大部分，分别为_____。（ABD）

A. 计量基准器具　　B. 计量标准器具

C. 工作标准器具　　D. 工作计量器具

16. 我国计量基准有_____三大类。（ABD）

A. 国家计量基准　　B. 副基准

C. 地区计量基准　　D. 工作基准

17. 关于计量器具的检定和校准，以下说法正确的是_____。（ABCD）

A. 检定是按检定程序自上而下，为法律规定，带有强制性，而且计量检定必须执行计量检定规程

B. 校准是按比较链自下而上，用户根据需要自由溯源，可自愿地选择校准机构、校准项目、测量范围和校准时间间隔

C. 检定工作的主要目的是确定或证实计量器具是否符合法定要求

D. 校准的主要目的是确定计量器具的量值和测量不确定度

18. 依据《数字修约规则》的规定，按末位数为 2 的整数倍，取 1 位小数修约，以下计算正确的是_____。（AD）

A. 12.3→12.4　　B. 12.3→12.2

C. 12.5→12.6　　D. 12.5→12.4

19. 关于示值误差，以下说法正确的是_____。（ABCD）

A. 示值误差可能是正值，也可能是负值

B. 同一型号的不同仪器，其示值误差一般不同

C. 即使是同一台仪器，其不同测量点的示值误差也可能各不相同

D. 示值误差必须经过校准或检定才能得到

20. 计量的基本特征是_____。（ABCD）

A. 统一性　　B. 准确性

C. 社会性　　D. 法制性

21. 依据 DL/T 5186《水力发电厂机电设计规范》的规定，压缩空气系统包括低压和中压两个压缩空气系统，_____。（AC）

A. 设计压力为 0.1～1.6MPa（不含 1.6MPa）时称低压

B. 设计压力为 0.1～2.5MPa（不含 1.5MPa）时称低压

C. 设计压力为 1.6～10MPa（不含 10MPa）时称中压

D. 设计压力为 2.5～10MPa（不含 10MPa）时称中压

22. 为使仪器保持良好的工作状态与精度，可采用_____措施。（ABC）

A. 定期检定　　B. 经常调零

C. 修理后重新检定　　D. 定期清洗

23. 依据 DL/T 5065《水力发电厂计算机监控系统设计规范》的规定，监控系统的设计应遵循的原则有_____。（ABCD）

A. 提高水电厂的安全生产水平

B. 保证供电质量

C. 提高水电厂的经济效益和管理水平

D. 提高水电厂的自动化水平

24. 依据 DL/T 619《水电厂自动化元件（装置）及其系统运行维护与检修试验规程》的规定，电气型转速信号器的检修试验项目有_____。（ABCD）

A. 测试示值误差　　B. 检定回差

C. 测试信号输出误差　　D. 测试绝缘电阻

25. 以下属于国际单位制的是_____。（ABCD）

A. 米　　B. 千克　　C. 秒　　D. 安培

26. 依据 DL/T 822《水电厂计算机监控系统试验验收规程》的规定，根据输入信号的不同，模拟量输入数据可分为_____。（ABC）

A. 直流量　　B. 交流量

C. 温度量（RTD）　　D. SOE 量

27. 依据 DL/T 822《水电厂计算机监控系统试验验收规程》的规定，根据输入信号的不同，数字量输入数据可分为_____。（ABCD）

A. 状态量　　B. 数码量

C. 脉冲量　　D. 事件顺序记录量

四、填空题

1. 电阻表精度越高，则内阻越小。

2. 各级标准计量装置的标准器应按周期进行检定，检定不合格或超周期的标准器均不能使用。

3. 温度取源部件与管道相互垂直安装时，取源部件轴线应与管道轴线垂直相交。

4. 温度取源部件与管道呈倾斜角度安装时，宜逆着物料流向，取源部件轴线应与管道轴线相交。

5. 压力取源部件与温度取源部件在同一管道上时，应安装在温度取源部件的上游侧。

6. 仪表上接线盒的引入口不应朝上，当不可避免时，应采取密封措施。

7. 压力表在轻敲表壳后的指针位移，不应超过允许基本误差绝对值的 1/2。

8. 涡流探头的工作原理是涡流效应。

9. 仪表的报警误差应小于或等于仪表允许误差。

10. 应对水轮机保护相关模拟量信号进行有效性判断，防止保护误动。

11. 压油装置的安全阀可以保证压力油罐的油压不超过允许的最高压力。

12. 中压气系统的作用是供压油装置用气。

13. 自动补气系统主要由压力油罐、油位指示信号器、压力开关和自动补气装置、阀门、电磁阀、气管路等元件组成。

五、问答题

1. 电磁流量计在工作时，发现信号越来越小或突然下降，原因可能有哪些？应怎样处理？

答：当测量导管中没有工作介质时，电极间实际是绝缘的。出现上述情况的主要原因是电极间的绝缘变坏或者短路，造成信号送不出去。

发生上述情况应从以下几个方面考虑：

（1）测量导管内壁可能沉积有污垢，应清洗和擦拭干净。

（2）测量导管衬里可能被破坏，应给予更换。

（3）信号插座可能被腐蚀，应予以更换或清洗。

2. 按误差的性质，误差可分为哪三大类？

答：误差按其性质，可分为系统误差、偶然误差（或称随机误差）、粗大误差。

3. 热电阻的测温原理是什么？金属导体和温度的关系式是什么？

答：热电阻测温度是利用导体或半导体的电阻随温度变化而变化的特性来达到的。

金属导体和温度的关系式为

$$R(t)=R_0(1+At+Bt^2)$$

式中 $R(t)$ ——温度为 t 时的电阻值；

R_0 ——温度为0℃时的电阻值；

A、B ——常数。

4. 弹簧管式一般压力表标准器的误差要求是什么？

答：对标准器的误差要求：标准器的允许误差的绝对值不应超过被检压力表允许误差绝对值的1/4。

5. 依据JJG 882—2019《压力变送器》的规定，写出压力变送器示值检定的具体步骤。

答：检定时，从下限值开始平稳地输入压力信号到各检定点，读取并记录输出值直至上限；然后反方向平稳地改变压力信号到各检定点，读取并记录输出值直至下限。以这样上、下行程的检定作为一次循环，如此进行两个循环的检定。强制检定的压力变送器需进行三次循环的检定。在检定过程中不允许调零点和量程，不允许轻敲或振动变送器，在接近检定点时，输入压力信号应足够慢，须避免过冲现象。

6. 依据 DL 5190.4—2019《电力建设施工技术规范　第 4 部分：热工仪表及控制装置》的规定，在管道上安装温度取源部件，应符合哪些要求？

答：（1）与管道相互垂直安装时，取源部件轴线应与管道轴线垂直相交。

（2）与管道呈倾斜角度安装时，宜逆着物料流向，取源部件轴线应与管道轴线相交。

（3）在管道的拐弯处安装时，宜逆着物料流向，取源部件轴线应与管道轴线重合。

7. 一般弹性压力表有哪几种？

答：弹性压力表有单圈弹簧管压力表、膜片压力表、隔膜式压力表、膜盒式压力表、电接点压力指示控制仪表等。

8. 解释仪表的阻尼时间定义。

答：从向仪表加入一个相当于仪表量程 50%的阶跃信号开始，至指针在新的平衡位置左右晃动不超过标尺弧长的 1%范围时刻的一段时间。

9. 简述如何减少系统误差。

答：提高测量仪器的等级，改进测量的方法，尽可能改善测量的环境，减少环境对测量的影响。

10. 热电阻温度计有什么特点？

答：热电阻温度计有以下特点：

（1）有较高的精确度。

（2）灵敏度高，输出的信号较强，容易测量显示和实现远距离传送。

（3）金属热电阻的电阻温度关系具有较好的线性度，而且复现性和稳定性都较好。但体积较大，故热惯性较大，不利于动态测温，不能测点温。

11. 热工测量仪表由哪几部分组成？各部分起什么作用？

答：热工测量仪表由感受件、中间件和显示件组成。感受件直接与被测量对象相联系，感受被测参数的变化，并将被测参数信号转换成相应的便于进行测量和显示的信号输出。中间件将感受件输出的信号直接传输给显示件或进行放大和转换，使之成为适应显示元件的信号。显示件向观察者反映被测参数的量值和变化。

12. 什么是仪表的滞后、死区和回差？它们之间有什么关系？

答：仪表的滞后是由输入量增大的上升段和减小的下降段构成的特性曲线所表征的现象。死区是输入量变化不致引起输出量有任何可察觉的变化的有限区间，它一般用输入量程的百分数表示。回差是当输入量上升和下降时，同一输入的两相应输出值间的最大差值。回差包括滞后和死区，并按输出量程的百分比表示。

13. 什么是法定计量单位？国际制的基本单位有哪些？

答：法定计量单位是指按计量法律、法规规定的强制使用或推荐使用的计量单位。国际单位制的基本单位有长度、时间、质量、电流、热力学温度、物质的量、发光强度。

14. 什么叫偶然误差？有什么特点？

答：偶然误差又叫随机误差，因为它的出现是完全随机的。其主要特点是不易发觉，不好分析，难于修正，但它服从于统计规律。

15. 什么叫疏忽误差？有什么特点？

答：疏忽误差又叫粗差。其主要特点是无规律可循，且又与事实明显不符合。产生这类误差的主要原因是观察者的失误或外界的偶然干扰。

16. 振动的基本参数有哪些？

答：振动的基本参数有振动的振幅、频率、相位。

17. 一台弹簧管压力表，其测量范围为 0～60MPa，它的准确度等级为 1.5，试求该表的允许误差。

答：设该表的绝对允许误差为δ，则$\delta=\pm[60-0]\times1.5\%=\pm0.9$（MPa）。允许误差为±0.9MPa。

18. 一测量仪表的准确度等级为 1.0 级，允许基本误差为±1℃，该表的测量上限为+90℃，试求该表的测量下限和量程。

答：设测量上限 $T_X=90$℃，测量下限为 T_S，量程为 L，允许基本误差$\Delta T=\pm1$℃，则$\pm(T_X-T_S)\times1.0\%=\Delta T$

得$(90-T_S)\times0.01=1$，$T_S=-10$（℃）

量程 $L=T_X-T_S=90-(-10)=100$（℃）

该表的测量下限为−10℃，量程为 100℃。

第二节　热　工　控　制

一、判断题

1. 手动开机至空转时不用投机组水轮机保护。　（×）

2. 正脉冲触发的与门一定是负脉冲触发的或门。　（√）

3. 正在运行的主计算机发生故障后，另一台具有相同功能且已加电的备用计算机通过启动应用程序顶替已发生故障的主计算机运行，称为温备用。　（√）

4. 剪断销在导叶被卡住时被剪断并发信号，平时不起

作用。（×）

5. LCU 采集和处理的数据，主要分为模拟量、开关量和脉冲量三类。（√）

6. 安全Ⅱ区和安全Ⅲ区之间必须实现物理隔离。（√）

7. 监控系统的现地控制单元应采用两路供电，宜一路取自厂用电的交流电源，一路取自电厂的直流电源。（√）

8. 步进电动机是将脉冲信号变换为相应角位移或直线位移的机－电执行元件。（√）

9. 电磁阀是自动控制中执行元件之一，它是将电气信号转换成机械式动作，以便控制油、气、水管路的关闭或开启。

（√）

10. 在 PID 调节方式中，I 表示积分调节，其目的是提高调节精度。（√）

11. 热工保护系统输出的指令应优先于其他任何指令。

（√）

12. 热工保护联锁试验中，应尽量采用物理办法进行实际传动。（√）

13. 依据国能安全〔2014〕161 号《防止电力生产事故的二十五项重点要求》的规定，所有水轮机保护模拟量信息、开关量信息应接入电站计算机监控系统，实现远方监视。（√）

14. 依据国能安全〔2014〕161 号《防止电力生产事故的二十五项重点要求》的规定，设置的紧急事故停机按钮应能在现地单元失效情况下完成事故停机功能。（√）

15. 依据国能安全〔2014〕161 号《防止电力生产事故的二十五项重点要求》的规定，水轮机保护连接片应与其他保护压板分开布置。（√）

16. 依据国能安全〔2014〕161 号《防止电力生产事故的二十五项重点要求》的规定，发现机组剪断销剪断装置（导叶破断连杆破断保护装置）报警时，应立即安排停机，检查剪断销剪断装置（导叶破断连杆破断保护装置）。（√）

17. 依据国能安全〔2014〕161 号《防止电力生产事故的二十五项重点要求》的规定，大中型水电站应采用“失电动作”规则，在水轮发电机组的保护和控制回路电压消失时，使相关保护和控制装置能够自动关闭导水机构。（√）

18. 水轮机油压装置自动运行的模拟试验可以采用人工拨动信号器接点的方式进行。（×）

19. 机组转速达到电气二级过速，应触发水轮机紧急事故停机。（√）

20. 触发机组轴承过热保护时，启动紧急事故停机流程。（×）

21. PLC 系统只能用来处理数字量。（×）

22. PLC 梯形图程序中，相同编号的输出继电器可重复引用。（×）

23. 可编程逻辑控制器的简称为 PLC。（√）

24. 带有压力罐的调速器应装设紧急停机装置，并动作可靠。（√）

25. 保护接地应牢固可靠，可以串联接地。（×）

26. 积分调节的缺点是有滞后作用。（√）

27. 水轮发电机组运行中发生异常响声和剧烈振动应立即停机。（√）

28. 比例积分控制器比例带大能使系统的稳定性提高。（×）

29. 自动化监测元件量程，一般为被测量额定值的 1.5～2 倍。（√）

30. 双 CPU 配置的现地 LCU，当一个 CPU 故障时仍能正常运行。（√）

31. 热工调节对象一般都具有迟延和惯性。（√）

32. 对于热工报警信号，可以采用统一的显示和音响回路而无须区分其报警信息的重要性。（×）

33. 联锁控制属于热工保护的一部分。（√）

34. 积分调节作用能消除系统静态偏差。（√）

35. 机械液压过速保护装置在整定转速时，过速摆及换向阀应能准确动作，可手动返回，其动作误差应小于或等于 3% 整定值。（√）

36. 在机组运行过程中，自动报警系统的主要作用是当参数及设备状态异常时，提醒运行人员注意。（√）

37. 计算机监控系统的电源输入回路应有隔离变压器和抑制噪声的滤波器。（√）

38. PLC 的电源一般能接受一定的电压波动，当超过范围后，PLC 将不能正常工作。（√）

39. 模拟量信号必须经过 D/A 转换成数字量后才能输入到计算机中。（×）

40. 热工控制图中，同一仪表或电气设备在不同类型的图纸上所用的图形符号可随意。（×）

41. 自动控制系统由控制设备和控制对象构成。（√）

42. 开关站现地控制单元应能实现相关隔离开关的倒闸顺序控制和断路器的合闸顺序控制功能。（√）

43. 厂用电现地控制单元应能实现高压厂用电系统进线和母联断路器的备自投顺序控制功能。（√）

44. 热工保护联锁信号投入前，应先进行信号状态检查，

确定对机组无影响时方可投入。（√）

45. 微分环节的输出量与输入量的变化速度成正比。

（√）

46. 在全部或部分带电的盘上工作时，应将检修设备与运行设备以明显标志隔开。（√）

47. 电站的开关量是指具有开和关两种状态的过程量。

（√）

48. 电磁阀是自动控制系统中重要的执行元件之一。（√）

49. 事故配压阀主要是防止机组飞逸。（√）

50. 依据 DL/T 5065《水力发电厂计算机监控系统设计规范》的规定，计算机监控系统应能正确接收卫星时钟信息，并实现系统内各节点的时钟同步。（√）

51. 机组现地控制单元应配置用于紧急停机操作的水轮机后备保护简化设备。（√）

52. 当一个或多个剪断销剪断时，剪断销信号报警装置应能正确发出报警信号，同时剪断销信号报警装置还应指示出被剪断的剪断销编号。（√）

53. 冗余配置的电源系统应定期进行冗余切换试验。（√）

54. 未经总工程师批准，运行中的热控系统盘面或操作台面不得进行施工作业。（√）

55. 水轮机调节的任务是保持机组转速绝对不变。（√）

56. 机组二级过速保护应装设机械和电气两种信号源的转速信号器。（√）

57. 当一个系统中有互为备用的两台或两台以上电动机时，应按自动轮换优先启动顺序设计，并宜避免两台或多台电动机同时启动。（√）

二、单选题

1. 可编程序控制器的简称为_____。（D）

A. DCS　　B. BMS　　C. CRT　　D. PLC

2. 机组空载状态为_____。（C）

A. 导叶空载开度及以上，机组转速达到 95%N_e 以上

B. 导叶空载开度及以上，机组电压达到 95%U_e 以上

C. 导叶空载开度及以上，机组转速达到 95%N_e 以上，机端三相电压大于 85%U_e 且发电机出口断路器在分位

D. 导叶空载开度及以上，机组转速达到 95%N_e 以上，机端三相电压大于 85%U_e 且发电机出口断路器在合位

3. 根据输入信号的不同，模拟量输入数据可分为_____。（D）

A. 直流量　　B. 温度量

C. 交流量　　D. 以上均是

4. A/D 转换器的输入量一般都为_____。（A）

A. 电压　　B. 电流　　C. 频率　　D. 电脉冲

5. 扰动信号变化最为剧烈的是_____信号。（A）

A. 阶跃　　B. 矩形脉冲

C. 正弦　　D. 交流

6. 程控属于断续控制，适用于按事先安排好的_____分段实行逐次控制的场所。（A）

A. 顺序或条件　　B. 调节步骤

C. 控制过程　　D. 工艺流程

7. V/F 转换器的作用是_____。（C）

A. 实现电压变换　　B. 实现数/模转换

C. 实现电压–频率转换　　　　D. 实现模/数转换

8. 自动保护装置的作用是：当设备运行工况发生异常或某些参数超过允许值时，发出报警信号，同时_____避免设备损坏和保证人身安全。（B）

A. 发出热工信号　　　　B. 自动保护动作

C. 发出事故信号　　　　D. 发出停机信号

9. 在控制过程中手/自动切换时的最基本要求是_____。（B）

A. 手/自动可相互跟踪

B. 无扰动

C. 切换时的扰动量必须在规定范围内

D. 根据当时运行工况而定

10. 表示自动化系统中各自动化元件在功能上相互联系的图纸是_____。（B）

A. 控制流程图　　　　B. 电气原理图

C. 安装接线图　　　　D. 梯形图

11. 对于比例调节器，比例带增大，系统的稳定性将_____。（A）

A. 增大　　　　B. 减小

C. 不变　　　　D. 不一定

12. 当机组故障、事故或重要保护开关动作等事件发生时，应进行_____。（B）

A. 程控　　　　B. 事故顺序记录（SOE）

C. 数据采集　　　　D. 以上都不对

13. 用于指导安装接线用的图纸是_____。（D）

A. 控制流程图　　　　B. 电气原理图

C. 梯形图　　　　　　　　D. 安装接线图

14. 在可编程序控制器的硬件结构中，与工业现场直接相连的是______。（D）

A. 中央处理单元　　　　　B. 编程器

C. 存储器　　　　　　　　D. 输入/输出单元

15. 一个控制系统由______组成。（A）

A. 被控对象和自动控制装置

B. 被控对象和控制器

C. 被控变量和自动控制装置

D. 被控变量和控制器

16. 控制系统按基本结构形式分为______。（B）

A. 简单控制系统、复杂控制系统

B. 开环控制系统、闭环控制系统

C. 定值控制系统、随动控制系统

D. 连续控制系统、离散控制系统

17. 在自动控制中，要求自动控制系统的过渡过程是______。（D）

A. 缓慢的变化过程　　　　B. 发散振荡的变化过程

C. 等幅振荡过程　　　　　D. 稳定的衰减振荡过程

18. 安全色中黄色代表______。（A）

A. 警告　　B. 禁止　　C. 提示　　D. 指令

19. 以下不属于热工三率的是______。（A）

A. 良好率　　B. 投入率　　C. 完好率　　D. 合格率

20. 动态偏差是指调节过程中______之间的最大偏差。（C）

A. 被调量与调节量　　　　B. 调节量与给定值

C. 被调量与给定值　　　　D. 以上都不是

21. 依据 NB/T 35004—2013《水力发电厂自动化设计技术规范》的规定，水电厂的自动化设计应符合的要求是_____。（D）

A. 满足上级调度机构调度自动化系统对本电厂的要求

B. 适应水电厂电磁干扰严重和湿度高的工作环境

C. 与电厂规模及计算机监控系统的水平相协调

D. 以上都是

三、多选题

1. 机组发生_____情况时，机组自动化元件机器系统能按要求发出事故停机信号及报警信号，同时动作过速限制器可延时关闭进水阀，实现紧急事故停机。（CD）

A. 机组各轴承及发电机定子过热

B. 电气事故保护动作

C. 事故停机时剪断销剪断

D. 机械过速

2. 水电站计算机监控系统的类型包括_____。（ABCD）

A. 集中式计算机监控系统

B. 分散计算机监控系统

C. 分层分布式计算机监控系统

D. 全分布式计算机监控系统

3. 依据 DL 5190.4《电力建设施工技术规范 第 4 部分：热工仪表及控制装置》的规定，热工仪表及控制装置绿色施工应符合的要求有_____。（ABCD）

A. 应优先选用国家、行业推荐的节能环保的施工机具

B. 应合理安排工序，降低机械、设备的单位能耗

C. 应优化电缆、仪表管路的路径，减少材料消耗

D. 施工过程产生的废弃物应分类处置

4. 依据 DL/T 578《水电厂计算机监控系统基本技术条件》的规定，计算机监控系统现地控制单元级的功能包括_____。（ABC）

A. 应能实时采集各类输入量数据

B. 应能实时采集所辖智能电子设备的数据

C. 接收来自电站主控级的命令信息和数据

D. 接收来自调度级的命令信息和数据

5. 电站压缩空气的作用主要包括_____。（ABCD）

A. 油压装置压油槽充气　　B. 机组停机制动用气

C. 调相压水用气　　D. 风动工具及吹扫用气

6. 依据 DL/T 578《水电厂计算机监控系统基本技术条件》的规定，以下关于计算机监控系统接地的说法正确的是_____。（ACD）

A. 应使用水电厂公用接地网接地

B. 在一个设备中，或在临近设备中的接地可以有 2 个独立的接地网

C. 计算机逻辑回路在机柜内应只有一点同机柜的公共接地点

D. 设备外壳或裸露的非载流的金属部分必须接地

7. 水电站油、水、气系统管道和阀门中，应涂刷红颜色的油漆和标志的有_____。（AB）

A. 进油管　　B. 压力油管

C. 供水管　　D. 回油管

8. 依据 DL/T 5186《水力发电厂机电设计规范》的规定，水电厂照明分为_____。（ABCD）

A. 正常照明　　B. 事故照明

C. 警卫照明　　D. 标志照明

9. 依据NB/T 35004《水力发电厂自动化设计技术规范》的规定，发生______事故时，机组应实现紧急事故停机。（AB）

A. 机械超速　　B. 水淹厂房

C. 机组各轴承过热　　D. 机组振动、摆度过大

10. 主阀通常有的工况是______。（AB）

A. 全开　　B. 全关

C. 25%开启　　D. 50%开启

11. 以下关于剪断销的作用，不正确的是______。（ABD）

A. 保证导叶不被异物卡住　　B. 调节导叶间隙

C. 保证导水机构安全　　D. 监视导叶位置

12. 主阀按操作动力不同，可分为______。（ABC）

A. 手动操作　　B. 电动操作

C. 液压操作　　D. 气压操作

13. 主阀操作系统属于自动控制系统，由______组成。（ABCD）

A. 控制元件　　B. 放大元件

C. 执行元件　　D. 连接管

14. 依据DL/T 5065《水力发电厂计算机监控系统设计规范》的规定，水电厂计算机监控系统的设计应______。（ABC）

A. 安全适用　　B. 技术先进

C. 经济合理　　D. 结构简单

15. 依据DL/T 5065《水力发电厂计算机监控系统设计规范》的规定，现地控制单元的基本组成可在下列______型式中选择。（ABCD）

A. 通用可编程逻辑控制器

B. 专用控制器

C. 通用可编程逻辑控制器加工业微机

D. 专业控制器加工业微机

16. 依据 DL/T 5065《水力发电厂计算机监控系统设计规范》的规定，监控系统应采集的模拟量为_____。（ABCD）

A. 需经常监视的量

B. 需调节的量

C. 需记录、制表上报或存档备查的量

D. 完成监控系统功能所需要的其他量

17. 依据 DL/T 1009—2016《水电厂计算机监控系统运行及维护规程》的规定，模拟量测点异常时应_____。（ABCD）

A. 退出与该测点相关的控制与调节功能

B. 采用标准信号源检测对应现地控制单元模拟量采集通道是否正常

C. 检查相关电量变送器或非电量传感器是否正常

D. 检查数据库中相关模拟量参数是否正确

18. 计算机监控系统的系统安全性包括_____。（ABC）

A. 操作安全　　B. 通信安全

C. 软硬件安全　　D. 环境安全

19. 水电站分层分布式监控系统分为_____。（ABC）

A. 电站主控层　　B. 通信网络层

C. 现地控制单元　　D. 梯级调度层

四、填空题

1. 设计热工及自动控制系统的微机分散电源装置时，必须是双重化供电，相互独立可靠，电源电压波动和电源切换都应符合要求。

2. 热工保护系统输出的指令应优先于其他任何指令。

3. 在无水情况下模拟事故低油压保护动作，导叶应能从最大开度可靠全关。

4. 计算机监控系统分为上位机和 LCU 两大部分，LCU 是现地控制单元的简称，LCU 中的可编程逻辑控制器的英文简称是 PLC。

5. 现地控制单元一般由 CPU、I/O 模件、通信模件等组成，主要完成流程的执行、数据采集和处理等功能。

6. 计算机监控系统的网络拓扑结构一般分为星型拓扑结构和环型拓扑结构。

7. 计算机监控系统中画面颜色定义事故信息为红色，故障信息为黄色，复归信息为白色，操作信息为绿色。

8. 计算机监控系统的干扰信号按干扰源划分，可分为内部干扰信号和外部干扰信号。

9. PLC 的结构形式主体都由中央控制单元、输入/输出、电源单元。

10. 上位机系统通过网络设备用以太网模式访问下位机 CPU，通过通信规约读取数据和下发命令。

11. 信息传输系统按数据信号类型可分为模拟和数字两大类。

12. 返回系数是指同一触点的复归值除以动作值。

13. 依据 DL/T 5065《水力发电厂计算机监控系统设计规范》的规定，计算机监控系统 UPS 通常采用交流电源和直流电源双重供电。

14. 计算机控制系统工作过程为数据采集、控制决策、控制输出。

15. 水电站现地控制单元一般包括机组 LCU、公用 LCU、开关站 LCU、闸门或坝区 LCU。

16. 将电气或数字信号转换为液压信号/位移信号称为电液转换器。

17. 计算机监控系统中画面颜色定义空载状态为黄色，发电状态为红色，停机备用状态为绿色，停机检修状态为白色。

18. 计算机监控系统数字输入量宜采用无源接点，且信号电源应由独立电源回路提供。

19. 电动执行机构的手动操作机构应有开关方向指示，宜为面向手轮顺时针为关，逆时针为开。

20. 冗余配置的现地控制单元（含冗余配置的 CPU 模件）应每半年进行一次主备切换。

21. 自动化元件（装置）的引线应完好、无损伤，导电部分应无外露，标号应齐全。

22. 依据国能安全〔2014〕161 号《防止电力生产事故的二十五项重点要求》的规定，所有水轮机保护模拟量信息、开关量信息应接入电站计算机监控系统，实现远方监视。

23. 依据国能安全〔2014〕161 号《防止电力生产事故的二十五项重点要求》的规定，机组设置的紧急事故停机按钮应能在现地控制单元失效情况下完成事故停机功能。

24. 所谓水电厂计算机监控系统，就是利用计算机对水电厂生产过程进行自动监测、控制的技术。

25. 水电厂计算机监控系统的设计应安全适用、技术先进、经济合理。

26. 现地控制单元的模拟量输出信号宜为 4～20mA。

27. 水电厂宜设置工业电视系统作为辅助集中监视手段，远距离监视机组、开关站、泄洪闸等主要机电设备的运行。

五、问答题

1. 对采用并联控方式的 PID 型调速器，其调整参数整定范围是什么？

答：其调整参数应能在设计范围内整定：比例增益最小不大于 0.5，最大值不小于 20；积分增益最小值不大于 0.05L/s，最大值不小于 10L/s；微分增益最小值为零，最大值不小于 5s。

2. 简述 A/D 转换器和 D/A 转换器的作用和应用场合。

答：A/D 转换器能将模拟量转换成数字量，常作为数字电路的输入；D/A 转换器能将数字量转换成模拟量，常用作数字电路的输出。

3. 计算机监控系统中模拟量测点异常应如何处理？

答：（1）退出与该测点相关的控制和调节功能。

（2）采用标准信号源检测对应现地控制单元模拟量采集通道是否正常。

（3）检查相关电量变送器或非电量传感器是否正常。

（4）检查数据库中相关模拟量组态参数是否正常。

4. 计算机监控系统中温度量测点异常应如何处理？

答：（1）退出与该测点相关的控制和调节功能。

（2）采用标准电阻检验对应现地控制单元温度量测点采集通道是否正常。

（3）检查温度传感器元件。

（4）检查现地控制单元数据库中相关温度量的组态参数是否正常。

5. 计算机监控系统中开关量测点异常应如何处理?

答:(1)退出与该测点相关的控制和调节功能。

(2) 短接或开断对应现地控制单元开关量采集通道,以检测模件是否正常。

(3) 检查现场开关量输入回路是否短接或断线。

(4) 检查现场设备状态输出是否正常。

6. 对屏蔽导线(或屏蔽电缆)的屏蔽层接地有哪些要求?为什么?

答:屏蔽层应一端接地,另一端浮空,接地处可设在电子装置处或检测元件处,视具体抗干扰效果而定。若两侧均接地,屏蔽层与大地形成回路,共模干扰信号将经导线与屏蔽层间的分布电容进入电子设备,引进干扰;而一端接地,仅与一侧保持同电位,则屏蔽层与大地构成回路,就无干扰信号进入电子设备,从而避免大地共模干扰电压的侵入。设备厂家有明确要求的除外。

7. 热工仪表及控制装置的“三率”包括哪些内容?

答:(1)完好率。包括自动装置完好率与保护装置完好率。

(2)合格率。包括主要仪表抽检合格率、计算机数据采集系统测点合格率。

(3)投入率。包括热工自动控制系统投入率、保护装置投入率与计算机数据采集系统测点投入率。

8. 简述可编程序控制器的基本结构及各部分的作用。

答:可编程序控制器由中央处理器、存储器、输入/输出组件、编程器和电源部件组成。

(1)中央处理器。处理和运行用户程序,对外部输入信号做出正确的逻辑判断,并将结果输出以控制生产机械按既定程序工作。另外，还对其内部工作进行自检和协调工作。

（2）存储器。存储系统管理、监控程序、功能模块和用户程序。

（3）输入/输出组件。输入组件将外部信号转换成 CPU 能接受的信号。输出组件将 CPU 输出的处理结果转换成现场需要的信号输出，驱动执行机构。

（4）编程器。用以输入、检查、修改、调试用户程序，也可用来监视 PLC 的工作。

（5）电源部件。将工业用电转换成供 PLC 内部电路工作所需的直流电源。

9. PLC 输入/输出模块的作用及功能是什么？对它们的性能及技术的要求有哪些？

答：PLC 输入/输出模块是可编程序控制器与现场设备连接的界面。输入模块的作用是接受现场设备的控制条件信号，如限位开关、操作按钮、传感器信号等。这些信号被预先限定在某个电压或电流范围内，输入模块将这个信号转换成中央处理器能够接收和处理的数字信号。输出模块的作用是接收中央处理器处理过的数字信号，并把它转换成被控设备所能接收的电压或电流信号，以驱动诸如电动机启动器、阀门执行器或灯光显示等设备。由于输入、输出模块直接连接现场设备，因此对它们有如下要求：

（1）抗干扰性能好，要能在噪声较大的场合可靠工作。

（2）输入模块要能直接接收现场信号（交流或直流电压、热电偶、热电阻信号等）。

（3）输出模块要直接驱动诸如交流接触器、电磁阀等现场执行机构。

（4）可靠性和安全性要求高，除了能在恶劣环境下可靠工作外，如果万一发生故障，要求能安全地保护现场设备，不致扩大事故影响。

10. 为什么屏蔽线的屏蔽层不允许多点接地？

答：不同接地点的电位总是不一样的，各点之间存在电位差。如多点接地，在屏蔽层形成电流感应到信号在线形成干扰，不但起不到屏蔽作用，反而引进干扰。尤其在变频器用得多的场合，干扰中含有各种高次谐波分量，造成影响更大，所以要特别注意。

11. 何为开关量变送器的切换差？

答：开关量变送器的切换差为被测物理量上升时开关动作值与下降时开关动作值之差。

12. 盘内配线的技术要求有哪些？

答：盘内配线的基本技术要求为：按图施工、接线正确；连接牢固、接触良好；绝缘良好、导线没有受损伤；配线整齐、清晰、美观。

13. 在计算机术语中，冗余是什么？

答：冗余就是重复的意思。在计算机术语中，冗余是为减少计算机系统或通信系统的故障概率，而对电路或信息的有意重复或部分重复。

14. 水轮机自动调节系统主要由哪几个基本部分组成？各主要元件的作用是什么？

答：水轮机自动调节系统的组成如图 3-1 所示。由图 3-1 可知，自动调节器由测量元件、放大元件、执行元件和反馈（或稳定）元件构成。测量元件负责测量机组输出电能的频率，并与频率给定值比较，当测得的频率偏离给定值时，发出调节信号。放大元件负责把调节信号放大，然后通过执行元件去改变导水机构的开度，使频率恢复到给定值。反馈元件的作用是使调节系统的工作稳定。

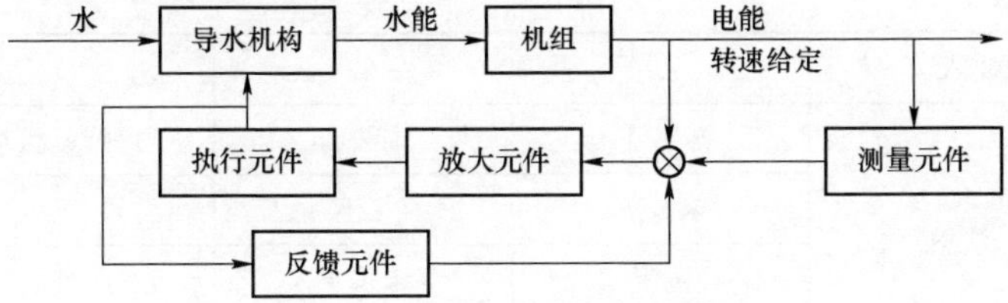

图 3－1　水轮机自动调节系统

15. 画出调速器 PID 调节控制系统框图。

答：见图 3－2。

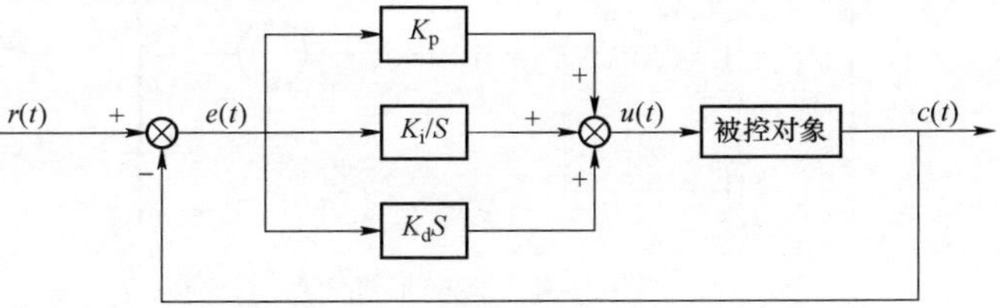

图 3－2　调速器 PID 调节控制系统

16. 分析图 3－3 的工作原理。

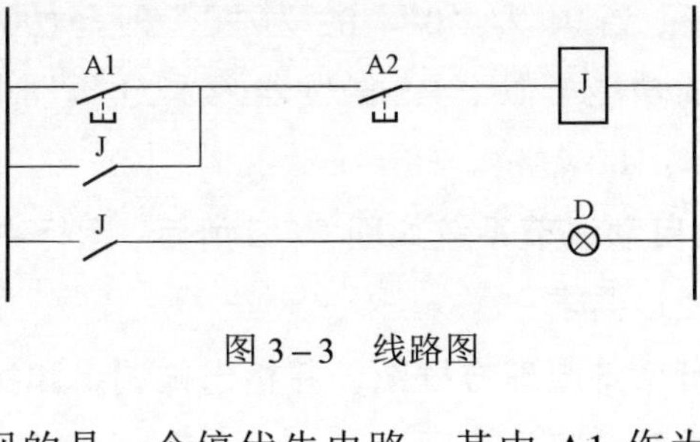

图 3－3　线路图

答：实现的是一个停优先电路，其中 A1 作为启按钮，A2 作为停按钮。

当 A1 按下时，继电器 J 通过自己的常开形成自锁，直至 A2 按下继电器 J 解锁，故 A1、A2 控制灯 D，其结果如表 3-1 所示。

表 3-1　　线路控制结果

仪器	A1	A2	D
状态	未按下	未按下	保持原状态
	未按下	按下	灭
	按下	未按下	亮
	按下	按下	灭

17. 根据图 3-4 所示的梯形图，说明其工作原理。

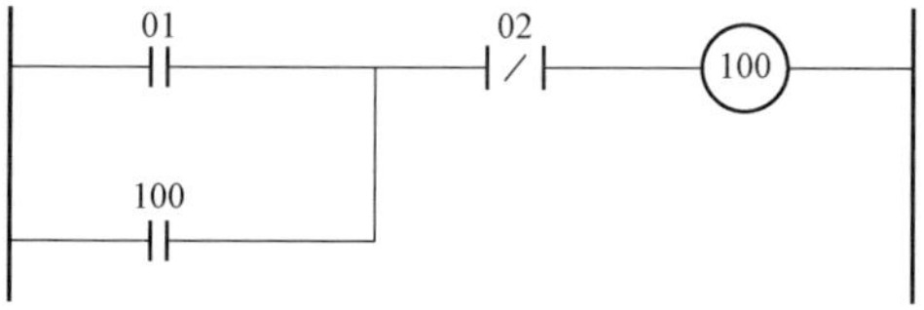

图 3-4　某梯形图

答：当 01 为“1”、02 为“0”时，100 为“1”；当 01 为“1”、02 为“1”时，100 为“0”；当 01 为“0”、02 为“0”时，100 为保持原状态；当 01 为“0”、02 为“1”时，100 为“0”。

图 3-4 的功能类似于 RS 触发器，01 为“1”时，100 置位；02 为“1”时，100 复位。

18. 水位自动调节系统如图 3-5 所示，运行中希望维持水面高度 *H* 不变，要求：

（1）画出系统原理方框图，并指出被调量和扰动。

（2）简述系统工作原理。

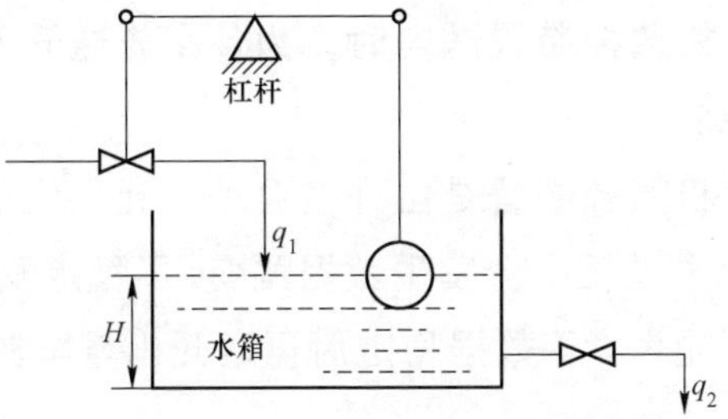

图 3－5　水位自动调节系统

答：（1）原理方框图如图 3－6 所示。

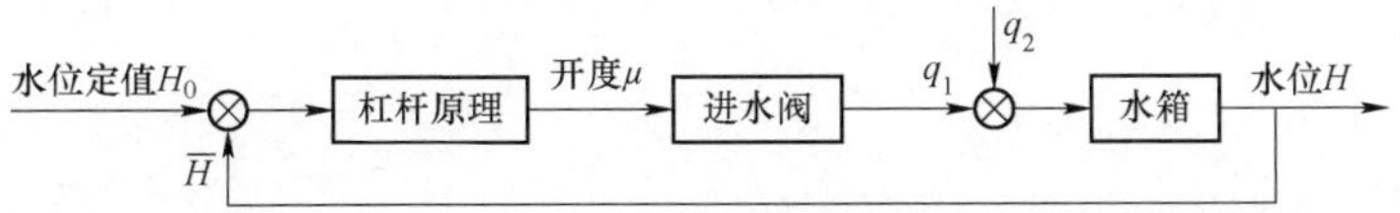

图 3－6　原理框图

被调量是水箱水位 H，扰动是进水量 q_1 和出水量 q_2。

（2）当水箱流入量 q_1 和流出量 q_2 保持平衡时，水面高度 H 等于希望值 H。若 q_2 突然增加，则水位 H 下降，浮子下降，杠杆顺时针旋转，杠杆左端上移，进水阀开大（开度μ增加），进水量 q_1 增加。当 q_1 和 q_2 重新平衡后，水位稳定不变。

19. 计算机监控系统厂站层设备与现地控制单元通信中断该如何处理？

答：（1）退出与该现地控制单元的控制和调节功能。

（2）检查厂站与对应现地控制单元通信进程。

（3）检查现地控制单元工作状态。

（4）检查现地控制单元网络接口模件及相关网络设备。

（5）检查通信连接介质。

（6）上述措施无效时，做好相关安全措施后在厂站侧重启通信进程，在现地控制单元侧重启 CPU 或通信模件。

20. 计算机监控装置送电时，为什么先送开入量电源，再送开出量电源?

答：计算机监控装置是由许多自动化元件组成的，一些自动化元件在上电过程中会发生数据跳变、不稳定及误动等现象，故先送开入量电源，等数据稳定后再送开出量电源，以防误动。

第四章

诊 断 平 台

一、判断题

1. 中国华电集团有限公司水电远程诊断平台按照“三级应用、三级部署”实施建设。（√）

2. 诊断平台数据编码基于 KKS 规则，分为管理域、设备域和量值域。（√）

3. 机组关键部件上导轴承及上机架健康评价状态为“注意”，水导轴承健康评价状态为“异常”，其他关键部件健康评价状态为“正常”，则机组健康评价状态为“注意”。（×）

4. 根据诊断平台机组健康评价规则，停机状态下的机组不参与健康评价。（×）

5. 根据诊断平台机组健康评价规则，检修状态下的机组不参与健康评价。（√）

6. 诊断平台引水损失率的定义为机组发电状态下水头损失（毛水头与工作水头之差）占毛水头的比例。（√）

7. 诊断平台导叶漏水量为停机状态下机组超声波流量实测值。（√）

8. 诊断平台机组在发电状态时有可能存在导叶漏水率

数据。（×）

9. 诊断平台导叶漏水率的定义为停机状态某一时刻机组导叶漏水流量与机组额定流量的比值。（√）

10. 诊断平台机组经济性评价需要考虑机组电价因素。（√）

11. 诊断平台机组振动区运行时间统计需剔除机组穿越振动区的时间。（√）

12. 停机状态下发生的机组主保护动作事件纳入诊断平台主保护动作次数统计。·（√）

13. 检修状态下发生的机组主保护动作事件纳入诊断平台主保护动作次数统计。（×）

14. 诊断平台机组故障停机的判断规则为：机组在发电状态下发生主保护信号动作，同时 5min 内机组运行状态由发电转为停机。（√）

15. 诊断平台耗水率改善率为历史同期平均耗水率和实际年累计耗水率的差值与历史同期平均耗水率的比值。（√）

16. 诊断平台展示的检修类型只包含大修、小修、季修。（×）

17. 当机组由运行转检修时，需在诊断平台系统管理模块中将机组运行状态手动置为检修态。（√）

18. 诊断平台对机组运行时长可按照不同水头区间和不同负荷区间两种不同类型进行查询。（√）

19. 诊断平台通过筛选机组检修前后类似工况下的 2 组数据进行机组检修评价。（√）

20. 诊断平台通过筛选机组检修前后任意工况下的 2 组数据进行机组检修评价。（×）

21. 诊断平台检修建议详情的内容包含机组基本信息、检修依据及检修计划。（√）

22. 诊断平台检修历史资料管理子模块可对检修记录进行增删改查操作。（√）

23. 诊断平台将故障按照所属设备关键部件进行分类统计。（√）

24. 诊断平台故障停机原因的生成方式为系统自动生成。（×）

25. 诊断平台机组优先运行顺序是根据机组安全性评价结果得出的。（×）

26. 诊断平台机组降低出力事件的录入信息包括电厂、机组、开始时间、结束时间、持续时间、降低出力。（√）

27. 诊断平台数据集成范围为反映设备状态的相关数据，包括从计算机监控、设备状态在线监测等系统获取的时序数据和运行维护、检测试验，以及电站设备设施基础信息等离线数据。（√）

28. 诊断平台对接入数据进行换算、组合、筛选等处理，得到反映设备状态的特征数据以及指标数据。（√）

29. 诊断平台为技术监督对象之一，纳入技术监督管理范畴。（√）

30. 诊断平台采用分布式体系结构，其中应用系统部署于安全Ⅱ区。（×）

二、单选题

1. 以下______模块不属于诊断平台应用功能模块。（D）

A. 故障诊断　　　　B. 状态监测

C. 检修决策　　　　D. 优化调度

2. 以下______不属于诊断平台数据 KKS 编码的组成。（C）

A. 管理域　　　　B. 设备域

C. 物理域　　　　D. 量值域

3. 以下______类型信息不属于厂级水电远程诊断平台综合展示报警信息的报警范围。（A）

A. 检修建议　　　　B. 健康状态

C. 故障诊断　　　　D. 能效报警

4. 诊断平台综合信息展示模块中主保护动作次数统计时间段为______。（D）

A. 今日　　　　B. 本周至当前时间

C. 本月至当前时间　　　　D. 本年至当前时间

5. 以下______指标不属于诊断平台综合信息展示模块所展示的指标。（B）

A. 年电量　　　　B. 水轮机效率

C. 故障停运时间　　　　D. 年利用小时

6. 诊断平台区域耗水率改善率是根据电厂耗水率改善率，按照______加权计算。（A）

A. 本年发电量　　　　B. 水库库容

C. 装机容量　　　　D. 年利用小时

7. 诊断平台区域主汛期等效可用系数是根据电厂主汛期等效可用系数，按照______加权计算。（C）

A. 发电量　　　　B. 水库库容

C. 装机容量　　　　D. 年利用小时

8. 下列关于诊断平台主汛期等效可用系数计算的说法，错误的是______。（D）

A. 主汛期等效可用系数为可用小时减去等效降出力停运小时后除以统计期间小时

B. 统计期间小时为主汛期日历小时时间

C. 可用小时为统计期间小时减去机组统计期间内检修的时间

D. 非主汛期发生的降低出力事件影响主汛期等效可用系数

9. 以下_____不属于诊断平台定义的机组运行状态类型。（B）

A. 发电状态　　B. 空载状态

C. 停机状态　　D. 故障停机状态

10. 关于诊断平台机组关键部件健康评价原则，下列说法错误的是_____。（B）

A. 当所有特征参数的实时状态数据未超过标准限值，不存在接近标准限值或发展的趋势，且不存在缺陷时，视为“正常状态”

B. 当所有特征的实时状态数据未超过标准限值，但存在接近标准限值或发展的趋势，且存在三级缺陷时，视为“注意状态”

C. 当任一特征参数超越标准限值，或存在二级缺陷时，视为“异常状态”

D. 当多个（3 个及以上）特征参数超越标准限值，或存在一级缺陷时，视为“危险状态”

11. 诊断平台中_____指标是在机组停机时计算的。（B）

A. 发电机效率　　B. 导叶漏水率

C. 引水损失率　　D. 水轮机效率

12. 诊断平台查询机组在某水头下的运行时长记录可在检

修决策下的______子功能模块进行筛选查找。（C）

A. 状态评价　　B. 机组总览

C. 机组运行统计　　D. 振动区运行时间

13. 诊断平台查询机组在某时间段内的稳定运行区运行时间占比可在检修决策下的______子功能模块实现。（D）

A. 状态评价　　B. 机组总览

C. 机组运行统计　　D. 振动区运行时间

14. 诊断平台检修决策下的状态评价界面，通过柱状图对比展示的指标不包括______。（D）

A. 运行时间　　B. 开停机次数

C. 振动区运行时间　　D. 累计检修次数

15. 诊断平台检修决策中绿色图标表示对于该台机组的检修建议是______。（A）

A. 不修　　B. 小修

C. 故障检修　　D. 暂不评价

16. 诊断平台测点的历史数据查询在下列_____模块中。（A）

A. 系统管理　　B. 状态监测

C. 检修决策　　D. 能效分析

17. 在诊断平台中上报检修计划应在______子功能模块进行填写提交。（A）

A. 检修建议　　B. 状态评价

C. 检修评价　　D. 检修历史资料管理

18. 诊断平台中可以对日常运维中发现的故障进行离线录入，该功能在故障诊断模块中的______子功能模块中实现。（A）

A. 诊断分析　　B. 故障停机统计

C. 故障诊断报告　　D. 专家系统

19. 诊断平台中故障停机的判定规则为机组在发电状态下主保护动作，同时_____内机组运行状态由发电转为停机。（D）

A. 1min　　B. 2min　　C. 3min　　D. 5min

20. 诊断平台故障停机事件信息不包括_____。（D）

A. 起始时间　　B. 结束时间

C. 故障停机原因　　D. 故障处理措施

21. 诊断平台机组实际运行过程中，由于自身性能下降导致效率偏离设计效率所导致的能量损失称为_____。（A）

A. 性能损失能量　　B. 固有损失能量

C. 引水损失能量　　D. 导叶漏水损失能量

22. 诊断平台机组运行状态不包括_____。（C）

A. 停机　　B. 运行

C. 报警　　D. 故障停机

23. 诊断平台机组经济性评价除了机组能效状态指标外，还需要考虑_____指标。（B）

A. 机组容量　　B. 电价

C. 机组故障次数　　D. 机组检修次数

24. 年耗水率改善率的计算中是以_____指标作为对标值。（C）

A. 上年同期耗水率

B. 上个月耗水率

C. 历史同期耗水率的多年平均值

D. 历史年耗水率的多年平均值

25. 机组的年利用小时定义是_____。（D）

A. 本年度的机组运行小时

B. 本年度机组运行小时减掉降低出力等效停运小时

C. 机组年发电量/机组出力平均值

D. 机组年发电量/机组装机容量

26. 厂级诊断平台和区域级诊断平台主要状态量、性能指标、分析结果等数据的同步周期至少为______。（C）

A. 30s　　B. 1min　　C. 5min　　D. 10min

27. 下列关于主设备整体健康状态评价方法的说法，错误的是______。（C）

A. 当所有设备关键部件为“正常状态”时，整体设备状态为“正常状态”

B. 当有设备关键部件为非正常状态时，整体设备状态应取设备关键部件中最为严重的状态

C. 主设备有多个关键部件状态为“注意状态”，其他为“正常状态”时，则主设备状态为“异常状态”

D. 当有设备关键部件为“危险状态”时，整体设备状态为“危险状态”

28. 下列选项不属于诊断平台状态监测模块状态总览的展示信息的是______。（D）

A. 运行状态　　B. 实时负荷

C. 健康状态　　D. 检修建议

29. 诊断平台能效分析模块耗水率界面显示的信息不包括______。（A）

A. 电站入库流量　　B. 机组年平均耗水率

C. 机组年发电量　　D. 机组年发电用水量

30. 下列______不属于诊断平台检修决策模块历史检修资料的信息。（D）

A. 检修类型　　B. 开始时间

C. 结束时间　　D. 检修费用

31. 诊断平台机组手动置检修态功能是在系统管理中的_____子模块。（C）

A. 单位管理　　B. 基础数据

C. 数据服务　　D. 日志管理

三、多选题

1. 以下_____属于诊断平台所定义的机组状态。（ABCD）

A. 健康状态　　B. 能效状态

C. 运行状态　　D. 经济性状态

2. 以下_____属于诊断平台机组安全性评价所考虑的因素。（ABCD）

A. 健康状态

B. 距上次检修运行时间

C. 距上次检修开停机次数

D. 距上次检修振动区运行时间

3. 以下_____属于诊断平台机组经济性评价所考虑的因素。（AB）

A. 能效状态　　B. 电价

C. 水头　　D. 振动区运行时间

4. 下列关于诊断平台能效评价的说法，正确的是_____。（ACD）

A. 检修态时能效状态为“中断”

B. 耗水率不作为能效评价指标

C. 导叶漏水率选取评价时段的最大值与标准值进行对比

D. 引水损失率选取评价时段的最大值与标准值进行对比

5. 诊断平台检修决策模块可以实现的功能包括_____。

（ABCD）

A. 对各台机组最近一次大/小修后的运行数据进行直观展示

B. 上报机组的检修计划进行审批

C. 通过检修前后数据对比，评价机组检修效果

D. 对检修历史资料进行管理并以图表展示机组投产至今检修的时间和次数

6. 诊断平台中根据故障严重程度将故障划分等级包含______。（ABC）

A. Ⅰ级　　B. Ⅱ级　　C. Ⅲ级　　D. Ⅳ级

7. 诊断平台设备故障处理的状态包含______。（ABCD）

A. 未确认　　B. 待处理

C. 非故障　　D. 已处理

8. 诊断平台综合信息展示模块中展示的电量信息包括______。（BCD）

A. 小时电量　　B. 日电量

C. 月电量　　D. 年电量

9. 诊断平台综合信息展示模块中的报警信息类型包括______。（ABCD）

A. 事故　　B. 故障

C. 保护动作　　D. 趋势报警

10. 诊断平台机组健康状态包括______。（ACD）

A. 正常　　B. 良好　　C. 异常　　D. 危险

11. 诊断平台机组安全分析中，“距上次检修指标”中的指标包括______。（ABC）

A. 机组运行时间（小时）　　B. 开停机次数（次）

C. 振动区运行时间（小时）　　D. 机组故障报警次数（次）

12. 诊断平台机组安全性评价状态包括_____。（ABCD）

A. 可长期运行　　B. 可短期运行

C. 可短时运行　　D. 不宜运行

13. 平台检修建议的检修类型包含_____。（ABCD）

A. 大修　　B. 小修

C. 季节性检修　　D. 故障性检修

14. KKS 编码管理域信息包括_____。（ABC）

A. 省份　　B. 厂站名　　C. 类别　　D. 主系统

15. KKS 编码设备域信息包括_____。（ABCD）

A. 主系统　　B. 子系统

C. 设备　　D. 采集部位

16. KKS 编码量值域信息包括采集信号的_____。（ACD）

A. 来源　　B. 单位

C. 物理属性　　D. 算法信息

17. 诊断平台故障诊断模块诊断分析子模块展示机组诊断故障信息，用户可以在此功能模块中查看_____。（ABCD）

A. 故障描述　　B. 故障原因

C. 故障发生时间　　D. 故障处理状态

四、填空题

1. 诊断平台能效指标包括<u>水轮机效率</u>、<u>导叶漏水率</u>、<u>引水损失率</u>、<u>耗水率</u>、<u>机组水能利用率</u>5 个指标。

2. 诊断平台建设，主要是通过对水轮发电机组的远程<u>状态监测</u>和<u>故障诊断</u>，指导水电站安全经济运行和优化检修，满足“远程集控、少人维护”的需要，实现提质增效目标。

3. 水电诊断平台建设应按照<u>厂站</u>、<u>区域</u>、<u>集团</u>三级部署、三级应用的要求进行，满足可靠性、稳定性、先进性、开放性的要求，满足电力监控系统安全防护规定的要求。

4. 诊断平台建设应满足电力监控系统安全防护规定要求，遵循“安全分区、网络专用、横向隔离、纵向认证”的原则。

5. 诊断平台具备接入数据完整性识别的功能，判别接入数据的正常状态，以及缺数、死数、超限等异常状态。

6. 诊断平台数据编码基于 KKS 规则，分为管理域、设备域和量值域。

7. 诊断平台以设备性能状态、健康状态分析为基础，综合考虑风险评估结论，给出检修决策建议，依据《中国华电集团有限公司优化检修指导意见》确定检修时间、检修等级、检修项目等。

8. 集团公司生产技术部是诊断平台归口管理部门，负责监督、指导诊断平台的使用和管理，对诊断平台使用和管理情况进行考核评价。

9. 集团公司每月、每年对各单位诊断平台使用和管理情况进行统计、评价和通报，评价结果作为集团公司检修技改、星级发电企业及有关考评依据。

10. 诊断平台对设备的健康状态、能效状态评价作为电厂设备大修、技改申报立项时的重要依据。

11. 诊断平台状态监测模块报警信息查询页面主要显示的是报警信息，用户可以在此页面对平台的报警信息按照时间、机组、类型，以及特殊字符进行查询操作。

12. 电厂应将诊断平台缺陷、报警信息纳入缺陷管理范畴，按照缺陷管理办法要求进行管理。

13. 电厂应将诊断平台纳入运行设备管理范畴，定期开展诊断平台软硬件巡检，发现平台缺陷应及时通知维护单位进行处理。

14. 电厂负责诊断平台数据监测系统的建设、运维工作，保障数据链路通畅，对诊断平台数据的及时性、准确性、完整性负责，对缺失、错误数据及时进行补录、修正。